DRIVING SAFETY DEVICE

CONVENIENCE DEVICE SYSTEM

자동차 주행안전 및 편의장치

저자약력

전광수

| 한국폴리텍대학 자동차과 교수

자동차 주행안전 및 편의장치

DRIVING SAFETY DEVICE · CONVENIENCE DEVICE SYSTEM

초판 인쇄 2025년 3월 20일
초판 발행 2025년 3월 31일

| 지 은 이 | 전광수
| 발 행 인 | 조규백
| 발 행 처 | 도서출판 구민사
(07293) 서울특별시 영등포구 문래북로 116, 604호(문래동3가 46, 트리플렉스)
| 전 화 | (02) 701-7421
| 팩 스 | (02) 3273-9642
| 홈페이지 | www.kuhminsa.co.kr
| 신고번호 | 제 2012-000055호(1980년 2월 4일)
| I S B N | 979-11-6875-542-0 (93550)

| 정 가 | 25,000원

머리말

자동차산업의 지속적인 발전으로 자동차 보유율은 점차 증가 추세이며 이제는 인류사회에 없어서는 안 될 필수품의 일부로 되어가고 있다. 이처럼 자동차 수요의 급증으로 지구온난화에 중대한 영향을 미치며 각종 교통사고로 인한 인명피해가 늘어감에 따라 대책 마련이 시급한 상황에 놓이게 되었다.

자동차 생산 선진 국가에서는 자동차의 주행안전장치를 강화하여 기준에 충족되지 않으면 자동차 판매 및 수입을 엄격히 규제하고 있는 추세이며 또한 운전자의 안전운행을 도와주는 각종의 편의장치를 개발하여 자동차에 장착하여 자동차의 사고율을 낮추기 위하여 노력하고 있다. 이와 같이 각종 자동차의 사고율 저감을 위해 전 세계적으로 주행 안전장치 및 편의장치가 적용된 차량이 급속도로 증가하고 있으나 주행안전장치 및 편의장치 시스템의 이해 및 고장수리 해법을 찾지 못하여 어려움을 겪고 있으며, 시스템의 이해부족과 주관적인 정비방법으로 인한 잘못된 정비사례가 증가하고 있다.

본 교재는 최근 신기술이 적용된 자동차의 이해를 돕기 위하여 현대자동차 및 기아자동차와 GM자동차의 정비지침서를 기반으로 주행안전 및 편의장치 시스템을 습득하여 고장부위를 상세히 점검 및 정비를 할 수 있도록 정리하였다.
본 교재를 통하여 신기술이 적용된 자동차의 각종 안전 및 편의장치이해와 정비기술 발전에 많은 도움이 되길 바라며 교재 편찬에 도움을 주신 도서출판 구민상의 조규백 대표님과 직원여러분들에게 감사드립니다.

저자 씀.

CONTENTS

차 례

CHAPTER 01

Driving safety device Convenience device System

자동차 주행 안전장치

1 주행 안전장치

1.1. 주행 안전장치의 개요

국내외에서 점진적으로 의무화를 추진하고 있는 자동차 관련 안전규제 및 법규화는 스마트자동차의 안전기능을 선택이 아닌 필수요소로 변화시키고 있다. 유럽의 신차 안전성 평가프로그램인 Euro NCAP의 13~15년까지의 안전한 차량 이미지 확보를 위한 5Star 등급을 위해 능동 안전시스템과 안전장비를 적용해야 하며, 한국, 미국, 유럽, 일본은 AEB(Automatic Emergency Braking), DRL(Daytime Running Light), BAU(Back-up Aid), LDWS(Lane Departure Warning System), TPMS (Tire Pressure Monitoring System), ESC(Electronic Skid Control) 등 다양한 제품군에 대한 의무 장착을 하고 있다.

이와 같은 자동차의 주행안전장치 능동 안전기술의 기본에는 외부의 상황을 판단하기 위한 센서기술이 핵심으로 작용한다. 자동차에 사용되는 센서는 대당 약 160개에 이르고 있으며, 사용량이 지속적으로 증가하고 있다. 이중에 대표적인 자동차 주행 안전장치에는 RADAR : 차량 및 도로 시설물 감지에 사용되며, 24GHz 근거리 레이더와 77~78GHz 중장거리 레이더가 주로 사용되며, 최근에는 250m까지 검지거리를 확장한 레이더도 사용되고 있다. 크루즈 컨트롤, 전후방 충돌경보, 충돌방지 시스템 등에 주로 사용된다.

1.2. LIDAR(Light Detection And Ranging)

LIDAR(Light Detection And Ranging)는 레이저 펄스를 지표면과 지물에 발사하여 반사되는 레이저 펄스로부터 정보를 얻는다. 최근 자율주행 기술에 필수로 사용되고 있으며, 반경 360도에 대한 정보를 얻을 수 있다.

1.3. 카메라

근거리 신호등, 표지판, 보행자, 차선 등을 인식하는데 유용하며, 차량내부의 운전자의 상태를 감시하거나 동작을 인식하는데도 사용된다. 특히 보행자보호가 중요시됨에 따라 보행자인식에 필수적인 카메라의 활용도가 더욱 높아지고 있다. 따라서 이번 교제에서는 아래와 같은 주행안전장치들의 중요성과 안전성에 대하여 인식하고 주행안전장치의 점검. 교환수리 검사에 대하여 이해하고 숙지할 수 있도록 한다.

1.4. 후 측방경보시스템 BSD(Blind Spot Detection)

BSD(Blind Spot Detection)는 차량 후방에 장착된 전파 레이더를 이용하여 후행차량과의 거리 및 속도를 측정하여 사각지대 감지시스템으로 좌·우측 후행차량이 자차의 측방으로 진입하는데 충돌예상 여부를 경고기능(시각)으로 운전자에게 제공하여 운전자가 다른 차선 진입시 후행차량과 추돌사고를 미연에 방지하는 시스템이다.

따라서 각 BSD(Blind Spot Detection) 사각지대 감지시스템으로 Local(Private) CAN(Controller Area Network)통신은 각각의 BSD의 통신을 송수신하는 BSD ECU (Main), BSD ECU(SUB) 구성되어 있다.

BSD시스템은 양방향 CAN통신을 통하여 정보를 주고받으며, 이는 차량후방에 장착된 전파레이더를 이용하여 후행차량과의 거리 및 속도정보를 송수신 한다. BSD ECU(Main/SUB) 해당 모듈은 주행 중 Auto Calibration을 통해 최적상태를 위하여 장착 각도를 조정한다.

1.5. 차선이탈 경보장치 LDWS(Lane Departure Warning System)

LDWS는 Lane Departure Warning System의 약자로, 차선이탈 경보장치라고 한다.

이 LDWS는 차량이 차선을 이탈할 때 운전자에게 경보를 해주어서 운전자의 안전운전을 도와주는 보조장치이다. 이 장치의 주요구성품은 CIS(CMOS Image Sensor, 영상 이미지센서), DSP(Digital Signal Processor, 영상처리기) 그리고, MCU(Micro Control Unit, CPU)이다.

CIS는 CMOS 카메라의 센서로서 전방으로부터의 영상신호를 디지털신호로 변환해서 DSP로 전달하는 역할을 하며, DSP는 CIS로부터 받은 영상신호를 처리해서, 차선의 이탈여부를 판단하는 역할을 한다. 또한 MCU는 DSP로부터 차선의 이탈여부와 차량으로부터의 차속신호, 와이퍼신호, 턴(Turn)신호 등 차량의 신호를 입력받아서, 차선의 이탈여부를 판단하여 부저 및 인디케이터를 제어하는 CPU의 역할을 한다.

1.6. 헤드 업 디스플레이 HUD(Head Up Display)

HUD(Head Up Display) 헤드업 디스플레이는 운전자 전면의 윈드 쉴드 글라스에 차량정보를 영상으로 표시하여 운전자의 시선 이동시간을 최소화하는 안전, 편의장치이다.

HUD ECU는 HUD 모듈 내부 디스플레이 아래에 일체형으로 조립되어 있다. HUD ECU는 차량시스템으로부터 수신 받은 C CAN(차속, SCC, ECO, 조명)정보와 B CAN(시트벨트, 하이빔, NAVI 방향지시, 연료경고등, 오토라이트센서)정보를 운전자가 설정한 조건에 따라 운전자 전면의 윈드 쉴드 글라스에 영상으로 표시한다.

1.7. SRS(Air Bag System)시스템

1.7.1. 에어백시스템 컨트롤모듈(SRSCM : Supplemental Restraints System Control Module)

에어백시스템 컨트롤모듈은 에어백시스템을 정상적으로 작동시키기 위하여 IG ON 입력 전압을 점검한다. 입력전압이 비정상일 경우 시스템 작동에 이상이 생길 수 있으며, 배터리와 함께 충전시스템도 함께 점검한다. 정면 충돌센서(FIS : Front Impact Sensor)는 차량정면의 충돌감지를 위하여 엔진룸 전방부 좌우 2곳에 장착되었다.

SRSCM는 정면 충돌센서의 충격신호를 감지하고 내부의 안전센서를 기준으로 충돌 판정을 하고 두개의 센서에서 충돌 판정값에 영향을 주어 전개조건으로 결정되면 전방 에어백을 전개시킨다.

1.7.2. 운전석 에어백(DAB : Driver Airbag)

운전석 에어백(DAB : Driver Airbag)은 2개의 스퀴브 점화회로로 구성되어 있고 충돌속도에 따라 1단계와 2단계로 폭발 시기가 결정된다(구성 : 쿠션, 패트 커버, 인플레이터 등으로 되어 있으며 인플레이터는 스퀴브(Squib), 화약, 점화제, 가스발생기, 디퓨저 스크린(Filter) 등이 있다).

1.7.3. 벨트 프리텐셔너(BPT : Seat Belt Pretensioner)

벨트 프리텐셔너(BPT : Seat Belt Pretensioner)는 좌·우측 B-필러 하단에 장착되어 있다. 차량이 충돌시 에어백이 작동하기 전 프리텐셔너를 작동시켜 벨트의 느슨한 부분을 되감아 운전자가 크러쉬패드나 조향핸들, 전면유리에 부딪히는 것을 예방하는 역할을 한다.

구성은 벨트, 실린더, 가스발생실 등으로 되어 있다. 실린더는 피스톤이 있으며, 벨트를 되감을 있도록 한다. 가스발생실은 실린더의 피스톤이 움직일 수 있도록 팽창력을 발생시킨다.

1.7.4. 조수석 에어백

조수석 에어백은 2개의 스퀴브 점화회로와 1개의 에어백 벤트용 스퀴브 회로로 구성되어 있고 충돌속도에 따라 1단계와 2단계로 폭발시기가 결정되며 에어백 벤트는 2단계 전개 및 벨트 장착조건에 따라 폭발이 결정되며 전개 초기에 닫혀 있어 내압을 유지하여 초기 전개를 빠르게 하고 일정 시간대에 Gas를 방출하여 머리 상해를 줄여주는 역할을 한다.

1.7.5. 측면 에어백(SAB : Side Airbag)

측면 에어백(SAB : Side Airbag)은 차량이 측면 충돌시 에어백을 팽창시켜서 운전자 및 승객의 머리와 어깨를 보호하는 역할을 한다(구성 : 에어백, 인플레이터).

에어백은 충돌시 가스를 채워서 승객의 충격을 완화시키는 역할을 한다. 인플레이터는 일정량의 가스를 보관 후 충돌 발생시 에어백을 팽창시키는 역할을 한다. 뒤쪽 측면 충돌센서(RSIS : Rear Side Impact Sensor)와 측면 압력센서(P-SIS : Pressure-Side Impact Sensor)는 차량 측면 충돌감지를 위하여 좌·우측 앞도어 내부와 좌·우측 C-필러 하단 내부에 각각 장착되어 있다.

측면 충돌센서는 추돌시 가속도값을 기준으로 충돌량을 감지 하지만 압력센서는 피에조방식으로 기존의 가속도 센서와는 달리 추돌시 도어의 찌그러짐으로 인한 공기압력이 압력센서에 감지되어 충돌량을 감지한다. SRSCM는 측면 압력센서와 측면 충돌센서의 충격신호를 감지하고 내부의 안전센서와 비교하여 센서가 모두 충돌 판정시 사이드 에어백과 커튼에어백을 전개시킨다.

1.7.6. 커튼에어백(CAB : Curtain Airbag)

커튼에어백(CAB : Curtain Airbag)은 좌·우측 헤드라이닝에 장착이 되어 있다. 차량이 측면충돌시 에어백을 팽창시켜 유리 파편이나 차량 전복시 이물질로부터 승객의 머리와 어깨를 보호하는 역할을 한다(구성 : 에어백, 인플레이터).

2 차선이탈 경보 및 차선유지 보조장치

2.1. LDWS(Lane Departure Warning System)

2.1.1. LDWS의 개요

차선 이탈 경보시스템인 LDWS는 운전자가 졸음 등의 이유로 방향지시등 없이 차선을 이탈하면 계기판의 이미지와 경고음으로 운전자에게 알려 주는 경보시스템이다. 경고음은 외장 앰프 장착차량(AVN장착)은 좌측으로 차선 이탈시 운전석 스피커에서 우측으로 이탈시 우측 스피커에서 경고음이 발생한다. 앰프 미 장착차량은 계기판에서 경고음이 출력된다.

LDWS는 도로 및 기후 상황 등에 따라 오작동이 발생할 수 있다. 참고적으로 한쪽 차선만 감지하였을 때도 경보를 하며, 경보의 시작은 차선 안쪽 Edge(끝)를 밟을 경우이며 경보의 해제는 바깥쪽 차선 Edge에서 55cm 넘었을 경우이다.

2.1.2. 주행 안전장치(LDWS)의 작동

LDWS 스위치에서 ON신호와 작동조건이 되면 카메라 모듈에는 차량속도, 조향각, Yaw Rate 및 방향지시등 작동신호 등의 정보가 Chassis CAN BUS Data로 입력된다. 이때 카메라시스템이 차선표시 이미지를 스캔하여 시스템이 차량 양쪽에서 차선표시를 감지하면 차선의 폭과 곡률을 계산한다.

이 외에 소프트웨어는 차선 내 차량위치 즉 차량과 좌우 차선표시 간 거리와 차선표시에 대한 접근 각을 계산하며 차량주행 해석 결과를 기반으로 CAN Data를 실시간으로 생성하여 차량의 Chassis CAN BUS로 전송한다. 또한 도로 인식 품질을 평가하여 필요에 따라 차량 steering 진동과 MDPS를 통한 조향제어와 클러스터를 이용하여 운전자에게 경고를 하게 된다.

2.1.3. 주행 안전장치(LDWS)의 기능

차선 보조는 운전자가 차선을 유지하도록 보조한다. 차선표시 감지에는 카메라가 사용되며 차선보조는 주행 중인 차선의 어느 한쪽에서 차선표시가 감지되면 "준비상태"로 전환된다. 차량이 감지된 차선표시에 접근하여 주행차선을 이탈하려고 하면 차선보조가 스티어링 휠을 진동시켜 운전자에게 경고한다.

차선보조가 "준비상태"이고 운전자가 차선표시를 넘기 전에 방향지시등을 켜면 시스템은 차선변경이 의도적인 것으로 판단하여 경고를 작동하지 않는다. 스티어링 휠은 차량이 감지된 차선표시에 접근하거나 가로지를 때 운전자에게 경고하기 위해서만 한 번 진동한다.

[그림 1-1] 주행안전장치(LDWS) 작동 클러스터

두 번째 경고는 첫 번째 경고 후에 차량이 차선표시와 충분한 거리가 떨어졌다 다시 차선표시에 접근할 경우에만 작동한다. 그러므로 차량이 차선표시와 나란히 주행할 때 지속적으로 경고가 작동하지는 않는다. 이 시스템은 고속도로 및 간선도로에서 사용하기 위한 것으로 차량이 약 65km/h 이상(메이커별 상이) 속도로 주행하지 않으면 시스템이 작동하지 않는다.

노면에 흙이나 눈이 덮여 있는 등 외부조건이 좋지 않거나, 차선이 너무 좁거나 고속도로 공사구간에서와 같이 차선표시가 모호할 경우 시스템이 일시적으로 작동하지 않을 수 있다. 현재 시스템 상태는 대시패널 인서트나 클러스터에 표시된다.

2.1.4. 주행안전장치(LDWS)의 구성

디스플레이 클러스터, 작동스위치, 카메라내장 컨트롤 유닛, 차선 보조용 진동 스티어링 휠 등이 있다.

[1] 디스플레이 클러스터

주행안전장치(LDWS)의 상태를 자동차가 운행중 차선을 이탈하거나 정속주행 또는 시스템의 문제시 운전자에게 시각적인 정보를 제공하는 역할을 한다.

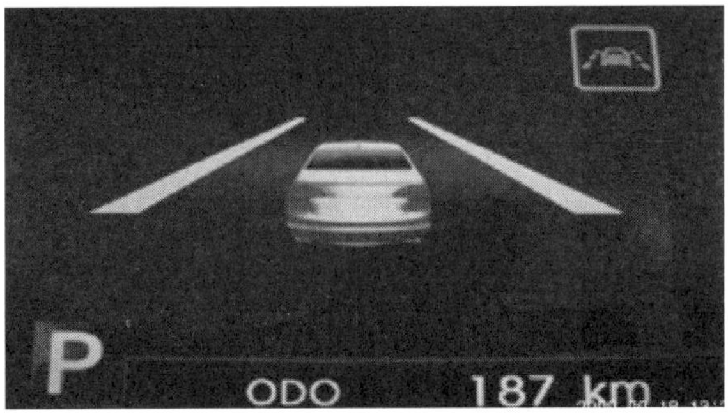

[그림 1-2] 주행안전장치(LDWS) 작동 클러스터

[2] 주행 안전장치(LDWS) 작동스위치

① 주행 안전장치(LDWS) 작동 ON/OFF 스위치

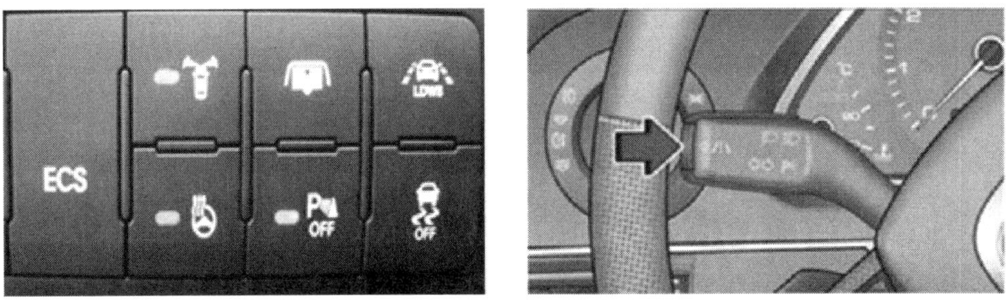

(a) (b)

[그림 1-3] 주행안전장치(LDWS) 작동스위치

[3] 카메라 내장 컨트롤 모듈

카메라가 장착되어 있는 LDWS 컨트롤 모듈은 전면유리 중앙부위에 장착되어 있으며 카메라의 광학 범위는 최대 60m(메이커별 상이)이다. 카메라가 차량 전방의 도로를 스캔하여 차량 진행방향 양쪽에 차선표시를 감지하면 차선의 폭과 곡률을 계산하며 소프트웨어는 차선 내 차량 위치 즉 차량과 좌우 차선표시 간 거리와 차선 표시에 대한 접근각을 계산한다. 이때 규정치를 벗어나게 되면 클러스터와 스티어링을 통하여 운전자에게 경고를 한다.

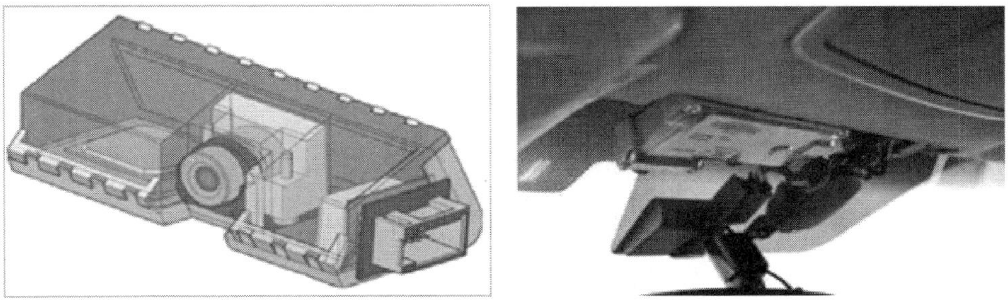

(a) (b)

[그림 1-4] 주행안전장치(LDWS) 카메라

2.1.5. 주행 안전장치(LDWS)의 작동

[1] 주행 안전장치(LDWS)의 작동조건

① 차선이탈 경보장치 스위치가 ON상태가 되면 계기판에 LDWS 표시등이 점등되고 준비상태가 된다.

② LDWS기능이 설정되어 있고 차속이 60km/h(메이커별 상이) 이상일 때 동작한다.

③ 운전자가 차선변경을 알리기 위해 좌·우 방향지시등을 동작시킬 경우 경보하지 않는다. 좌·우 방향지시등을 OFF 후 이탈 경보기능을 재개한다. 비상등을 동작시킬 경우에도 경보하지 않는다.

④ 차선을 바꾸고자 할 때는 반드시 방향지시등 스위치를 작동하고 차선을 변경하여야 하며. 방향지시등 스위치를 주행방향으로 작동하지 않고 임의로 차선을 바꾸면 경보가 발생한다.

[표 1-1] 곡선차선 검출방법 다이어그램

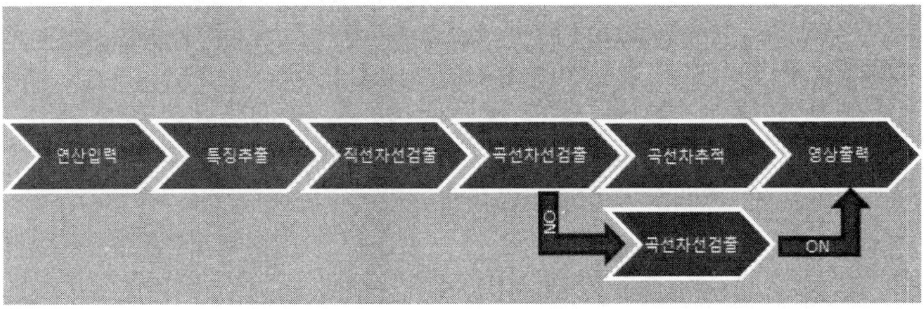

⑤ 차량이 차폭의 30% 이상 차선을 넘어갈 경우 차선변경을 위해 차선을 이탈하는 것으로 판단하여 경보를 해제한다.

[2] 주행 안전장치(LDWS)의 비 작동조건 및 경고사항

① 비, 눈, 먼지, 물웅덩이, 기타 이물질로 인하여 차선이 잘 보이지 않는 경우
② 안개, 폭우, 폭설 등의 악천후로 시계가 불량한 경우
③ 도로면의 물기로 인해 태양광, 가로등 또는 마주 오는 차의 불빛이 반사될 경우
④ 버스 전용차로 등과 같이 좌측 또는 우측의 차선이 2개 이상 있는 경우
⑤ 급커브 구간이나 도로의 경사도가 심한 경우
⑥ 차량의 앞 유리나 LDWS 카메라 렌즈가 습기나 이물질로 오염된 경우
⑦ 차선수가 증가, 감소하는 구간 또는 차선이 복잡하게 교차할 경우(예 : 인터체인지, 톨게이트 등)
⑧ 차선과 도로의 색상 구분이 충분치 못한 도로
⑨ 직사광선에 의해 룸미러 주위 온도가 매우 높은 경우
⑩ 주위 조명의 영향에 의해 LDWS시스템이 차선 색상을 구분하기 어려운 경우
⑪ 기타의 차선을 인식하기 어려운 정도로 시계가 불량한 경우

[표 1-2] 주행안전장치(LDWS) 시스템 블록다이어그램

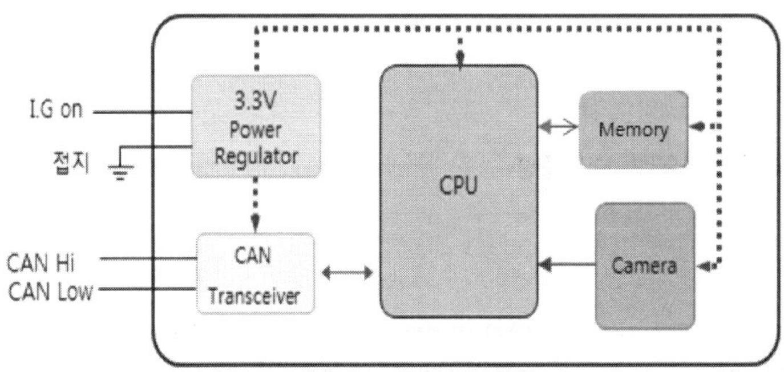

2.1.6. 주행 안전장치(LDWS)의 점검

[1] 주행 안전장치(LDWS)의 보정 베리언트코딩 LDWS 유닛을 탈장착한 경우

① LDWS 유닛을 신품으로 교체한 경우

② 윈드쉴드 글라스를 교환한 경우

③ 윈드쉴드 글라스의 LDWS 브라켓이 변형된 경우

[2] LDWS 카메라 자동 공차보정

LDWS 카메라 자동 공차보정은 평탄한 직선도로에서 보드판에 부착된 시뮬레이션 타겟과 차량을 정렬하여 카메라를 보정하는 방법이다. 지정된 허용오차 내에서 영점 설정이 안 되었을 경우 LDWS 카메라 "영점조절 미실시" 고장코드를 표출한다.

2.1.7. 주요사항

[1] LDWS적용(현대 모비스)

① 작동조건 : 스위치 ON, 차속 60km/h 이상에서 방향지시등 없이 차선이탈시

② 해제조건 : 차속 55km/h 이하 시

- LKAS는 미적용 AEB작동을 위해 레이더와 퓨전
- 부가적으로 HBA(상향등 자동제어)기능 적용

구 분	차선인식 전·후	차선 이탈시	시스템 고장시
계기판 이미지			

설명	차선 인식 완료시 그림처럼 차선 이미지가 선명해짐	좌·우 차선 이탈시 차선 이미지가 흐려짐	10초간 메시지 점등 후 통합 경고등 및 LDWS 경고등 점등

[그림 1-5]

[2] HBA(High Beam Assist)작동

HBA는 전조등을 상향 및 하향으로 자동 전환하는 편의장치이다. 앞 유리 상단에 장착된 카메라를 이용하여 야간에 마주 오는 차량 또는 선행차량의 램프 및 주변 밝기 상태를 감지하여 전조등을 제어한다.

① 라이트 스위치 Auto+상향 선택 시  점등

② 차속 45kph 이상에서 작동

[3] LDWS 카메라 장착방법

카메라 또는 유리 교체 시 카메라 장착방법을 확인한다. 참고적으로 K9 AEB 사양의 카메라와 비교하여 화각 증대 및 이미지 센서 성능향상 등의 이유로 호환은 불가능하다.

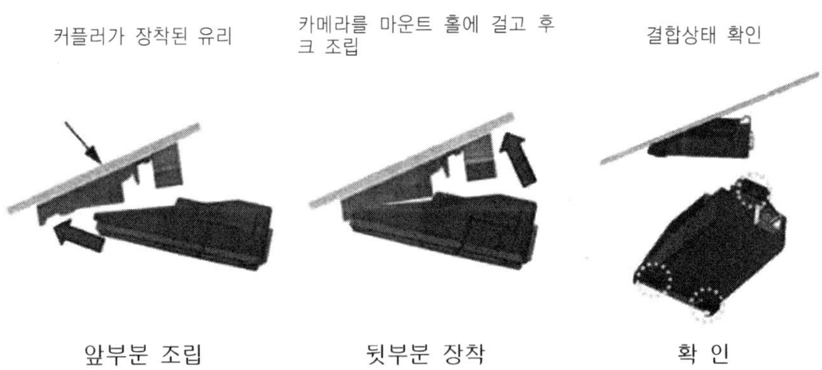

[그림 1-6]

[4] LDWS 베리언트 코딩

전방 카메라 모듈 교체 후에는 베리언트 코딩 후 카메라 보정을 실시해야 한다. 다음 절차에 맞게 진행한다.

① 진단장비에서 베리언트 코딩 선택

② 조향핸들 위치 선택

③ 국가코드 선택

④ HBA, LDWS, LKAS 옵션 선택

⑤ SLIF 적용 유무 선택

참고 SLIF(Speed Limit Information Function)

도로속도 표지판을 인식하여 운전자에게 도로정보를 자동으로 알리는 기능이다.

① 전방 카메라를 이용하여 규격화된 속도 표지판 및 디지털 속도표시 등을 인식하여 운전자에게 알림 기능이다.

② 도로여건과 사용자 환경 등의 이유로 국내는 적용되지 않고 유럽 사양에만 적용된다.

(a)

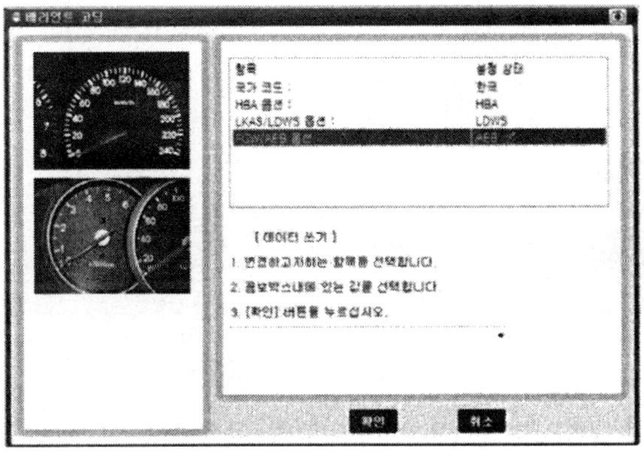

(b)

[그림 1-7] 베리언트 코딩방법

(1) 전방 카메라 교체 시 작업방법

① 카메라 영점설정 선택(STPAC 영점설정)

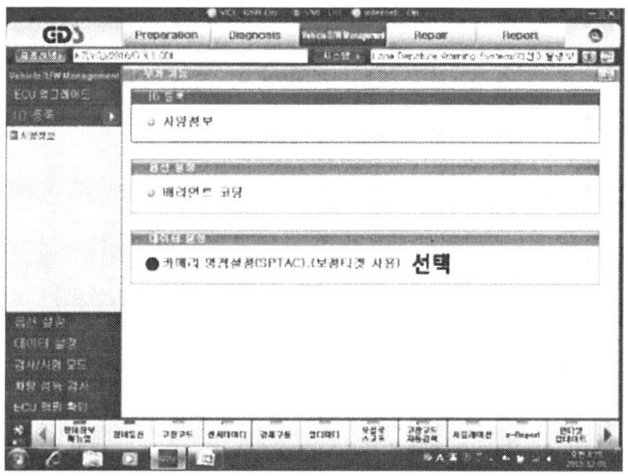

② 기능설명

③ 근거리 보정실시 → 진행 중

④ 원거리 보정실시

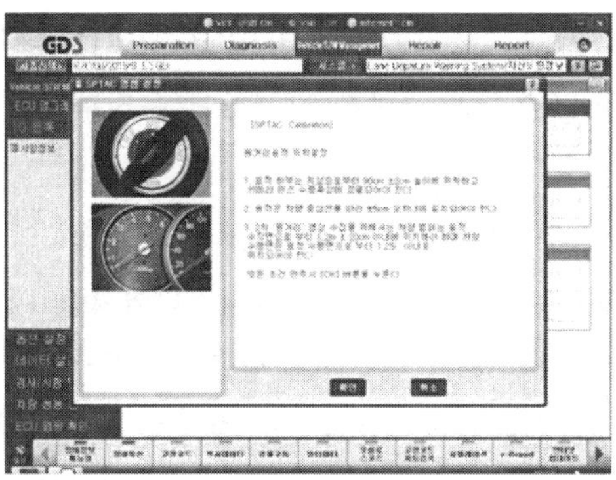

⑤ 진행 중 → 완료

참고 SPTAC(Single Pole Target Auto Calibration)
서비스센터에서 카메라 영점설정 용도이며 타겟을 근·원거리로이동하여 설정한다.

[그림 1-8]

2.2. LKAS(차선유지 보조기능)

2.2.1. LKAS의 개요

[1] 차선이탈 경보기능(LDWS : Lane Departure Warning System)

차량이 차선이탈을 할 경우에만 경보를 발생하여 운전자에게 알려준다.

[2] 차선유지 보조기능(LKAS : Lane Keeping Assistance System)

차량이 차선을 유지할 수 있도록 전동식 파워스티어링을 이용하여 보조 조향토크를 제공하여 차선을 유지하도록 운전자의 조향을 보조하는 기능으로 차선유지 보조장치는 차량이 차선에 근접할 경우, 운전자가 차선을 벗어나지 않도록 보조하는 기능이며 차량이 차선 중앙부근을 주행할 경우, 핸들을 제어하여 차선유지를 도와주는 기능으로 자동차에 표준으로 설치되고 있다.

그러나 능동 조향 보조장치는 차선유지 보조기능 대비 제어영역을 확장하여 핸들을 제어하고 장거리 운전 시 피로감을 줄여주기 위한 기능으로 차량에 따라 선택(옵션)할 수 있다. 주요부품의 기능 중 전방인식 카메라의 기능은 차선이탈감지, 보행자인식, 선행 차량 인식, 도로표지판, 전방 대항 차량의 광원 등을 인식할 수 있다. 이러한 기능을 통해 추가되는 기능들이 있는데, HBA는 야간 시 전방에 선행 대항 차량의 광원을 감지하여 자동으로 상향등을 제어해 준다. FCW는 전방 차량 및 차선을 감지하고 전방 차량이 현재 차로에 있는지를 판단하고 충돌이 예상되는 위험상황에 대해서 경고를 통하여 운전자에게 경고를 해준다.

DDA (Driver Attention Alert)	LKAS (Lane Keeping Assist System)	HBA (High Beam Assist)

운전자 부주의 운전시 경고	차선이탈 방지를 위한 조향보조	전방차량에 따른 하이빔 제어

[그림 1-9]

SLIF는 차량운행 중 전방 카메라를 통해 일반 및 전자식 교통표지판을 인식한 후에 해당 정보를 클러스터에 표시해 줌으로써 운전자에게 주행 중인 도로의 제한 속도 정보를 제공하고 경고함으로써 과속에 의한 교통사고를 예방하는 시스템이다.

차선 이탈경보/유지	도로 표지판 인식	차량인식	보행자 인식
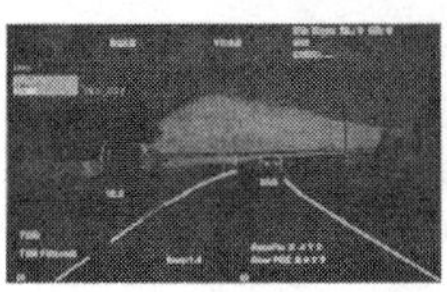			

[그림 1-10]

2.2.2. LDWS/LKAS 작동 사양 비교

[표 1-3]

구 분	LDWS	LKAS
최저 동작속도	60Kph 이상 동작 55Kph 이하 해제	
최고 동작속도	195Kph 이하(200Kph 이상 해제)	175Kph 이하(180Kph 이상 해제)
차선 인식 상태	좌/우 차선중 하나라도 인식	양 차선 모두 인식
차선 폭 조건	208m 이상(207m 이하에서 해제	3.1m~4.2m(2.8m 이하 혹은 4.5m 이상에서 해제)

구 분	LDWS	LKAS
최대 조향 각도	–	30degree 이하(50deg 이상에서 해제)
최대 조향 각속도	–	30deg/s 이하(90deg/s 이상에서 해제)
최대 횡 가속도	–	$3.0m/s^2$ 이하($3.5m/s^2$ 이상에서 해제)
최대 감가속도	–	0.15g 이하(0.2g 이상에서 해제)
최소 곡선반경	125m	250m 이상 곡선반경이상(차속에 따라 가변)
방향 지시등(비상등)	Off	
운전자 상태	–	운전자 조향 의지가 검출될 경우
최대 LKAS조향제어 토크		2.5Nm
운전자의 조향력 개입	=	2.0Nm

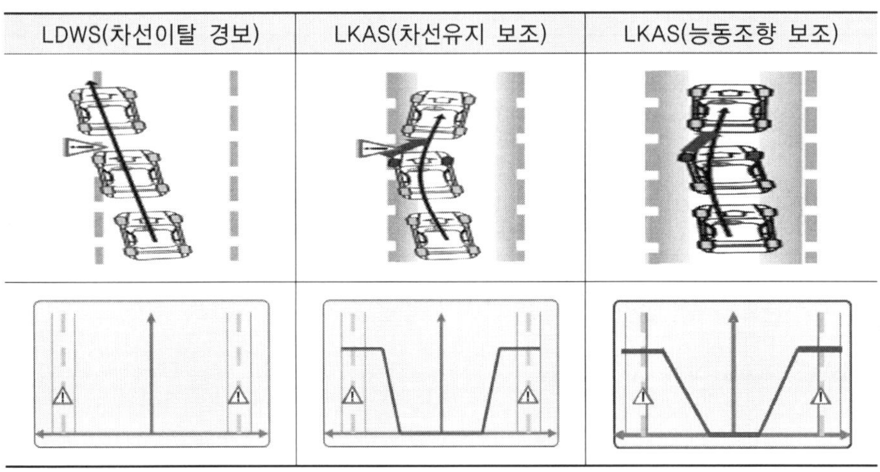

[그림 1-11]

[3] LKAS 제어

조 건	제어 상태
제어시점(중앙에 가까울수록 LKAS 개입이 작게 느껴짐)	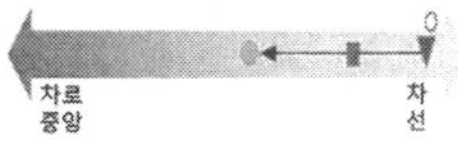
최대 LKAS제어 토크(높을수록 LKAS 차선 유지력이 강함)	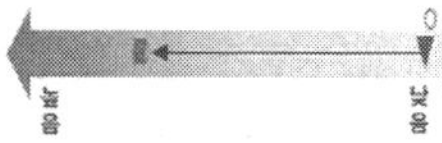
운전자 Effort(높을수록 LKAS 개입력이 크게 느껴짐)	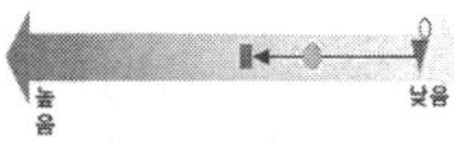
적극적 ← 보수적	능동 조향 보조 : ● 차선 유지 보조 : ■ 차선 이탈 경보 : ▼

[그림 1-12]

[4] LDWS/LKAS 동작 조건

① 차선이탈 경보는 차량 전륜이 이탈 측차선 내측 경계에 접촉하는 순간부터 발생된다.

② 능동 조향보조는 차선유지 보조 대비 제어시점이 차선 중앙에 가까워 LKAS 제어 개입이 일찍 일어난다.

③ 능동 조향보조는 차선유지 보조 대비차량을 좀 더 차선 중심부근으로 이동 시키며, 제어시간이 오래 지속된다.

④ 능동 조향보조는 LKAS제어 개입이 자주 일어나는 만큼, 차선유지 보조 대비 LKAS제어 이질감이 약하게 느껴지도록 설계되었다.

2.3. DAA(Driver Attention Alert) 부주의 운전경보 기능

2.3.1. DAA의 개요

DAA시스템은 전방 인식 카메라와 차선 정보와 조향각, 조향토크, 가·감속페달 등의 신호를 CAN통신을 기반으로 주행패턴을 분석하여 운전자의 부주의 및 피로 운전 정도를 표시하거나 경보하고, 이를 통하여 운전자가 주행 중 피로하거나 졸린 상황에 휴식을 유도하고, 부주의 상황을 저감하여 차량운행의 안전성과 편의성을 향상 시키는 시스템이다.

부주의 운전의 주요 검출패턴은 차선 추종 불량, 차선침범, 과대 조향, 과소 조향 패턴을 감지한다. 또한 주행시간에 따라 반복적으로 일어나는 횟수를 기록해 부주의 레벨과 경보를 통해 운전자의 안전운전을 도와주는 기능이다.

[표 1-4]

<table>
<tr><th>구분</th><th>성능 요구 사양</th><th>비 고</th></tr>
<tr><td>기능</td><td>-주의 운전레벨 출력
5단계(각성) ⇔ 1단계(피로)
-주의 운전레벨이 모두 감소된 경우 경보음 및 팝업창 출력
-클러스터 USM시스템 OFF 및 경보 민감도 설정</td><td>-LDWS → 클러스터 HMI 출력
-클러스터 → LDWS USM 설정</td></tr>
<tr><td>동작 속도</td><td><table>
<tr><th colspan="2">Kph</th><th colspan="2">Mph</th></tr>
<tr><th>시작</th><th>중지</th><th>시작</th><th>중지</th></tr>
<tr><td>60↑</td><td>180↑</td><td>40(64Km/h)↑</td><td>110(177Km/h)↑</td></tr>
<tr><td>175↓</td><td>55↓</td><td>105(169Km/h)↓</td><td>35(56Km/h)↓</td></tr>
</table></td><td>시스템 OFF, 고장, 카메라 가림, 차선 미 인식 시 제외</td></tr>
</table>

2.3.2. 시스템 레이아웃

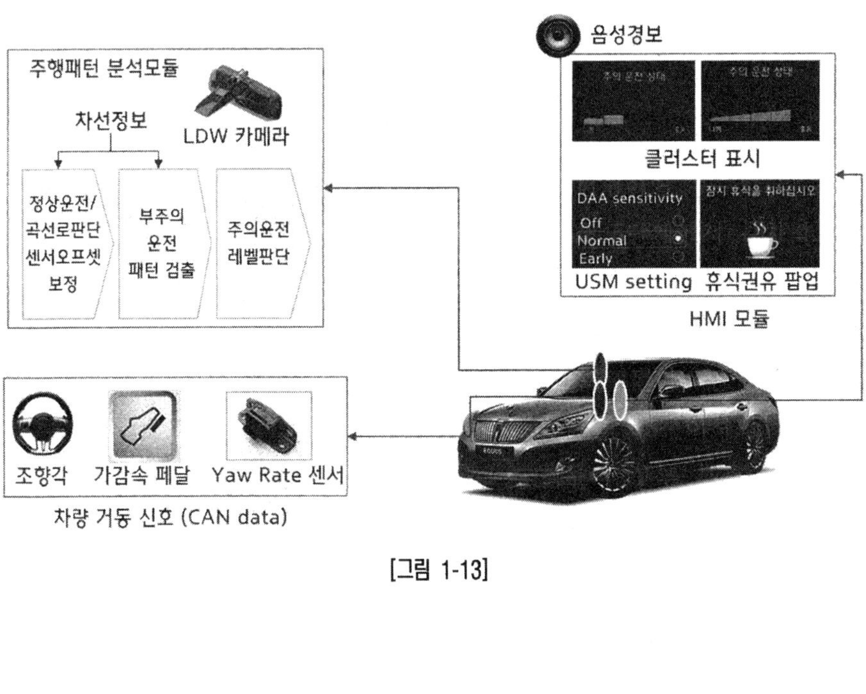

[그림 1-13]

2.3.3. 시스템구성

조향각, 조향토크 등의 차량신호와 차선 내 차량 위치를 분석하여 부주의 분전 패턴을 검출하여 운전자의 주의 운전상태를 5레벨로 클러스터에 표시하고 운전자의 주의 운전상태가 나쁘면, 휴식을 권유하는 팝업 메시지와 경보음을 발생하여 운전자에게 경보한다. 부주의 운전경보시스템 구성을 위해 필수시스템과 기능은 다음과 같다.

[표 1-5]

번호	필수 시스템	입력신호	기 능
1	MDPS	MDPS 조향 토크	조향 토크기반 부주의 주행 패턴 검출
2	SAS(MDPS)	조향각	조향 각 기반 부주의 주행 패턴 검출
3	ECS	종 방향 기속도	브레이크기반 운전조작 판단
4	APS/ETC적용 EMS	악셀, 브레이크페달, 크로즈 작동상태	악셀 페달기반 운전 조작 판단

2.3.4. DAA시스템 제어

[1] 기능

주행 중 운전자의 부주의 및 피로 운전 정도를 모니터링하여 부주의 및 피로 운전 패턴이 인식되면 클러스터 화면에 주의 운전레벨이 최초 5단계에서 순차적으로 감소하며, 레벨이 1단계 미만으로 감소하면 경보음 발생과 휴식유도 메시지를 표시한다.

반대로 부주의 및 피로 운전패턴이 검출 없이 정상운전 상황이 일정시간 이상 지속되는 경우 레벨이 1단계씩 증가하며 최대 5단계로 복귀된다. 단 상기 레벨 증가시간은 운전자의 운전조작 검출 시 감소하고 시스템 동작속도 이하의 저속 운행 시는 증가한다. 또한, 운전자별 운전성향 차이를 고려하여 상부 부주의 및 피로운전 패턴검출의 민감도 및 레벨 증가시간은 클러스터 USM에서 보통과 빠름의 2단계로 운전자가 설정할 수 있다.

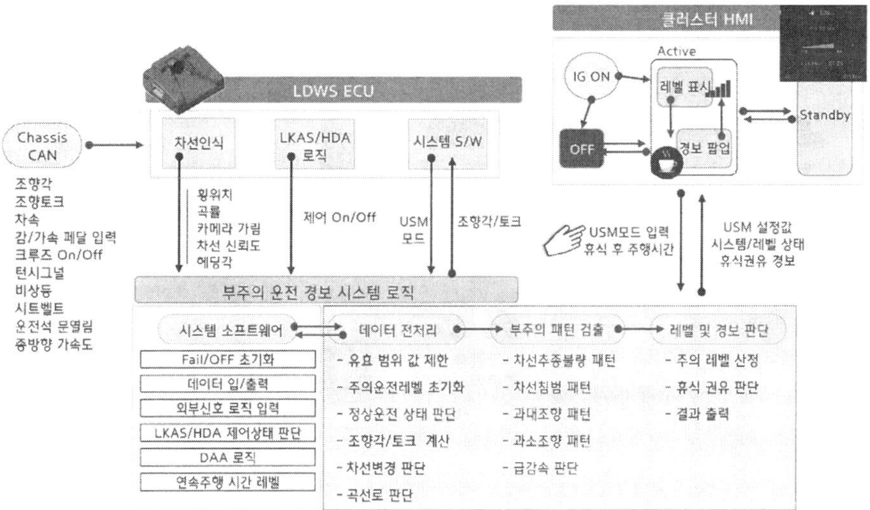

[그림 1-14]

(1) 연속 주행시간 반영

부주의 운전 패턴 없이 운전을 하더라도, 휴식 없이 연속 주행할 경우 심리적 피로 도를 반영한다.

(2) 급감속 패턴

운전자가 전방충돌의 위험을 느껴 급감속한 경우 부주의 운전상태로 레벨에 반영한다.

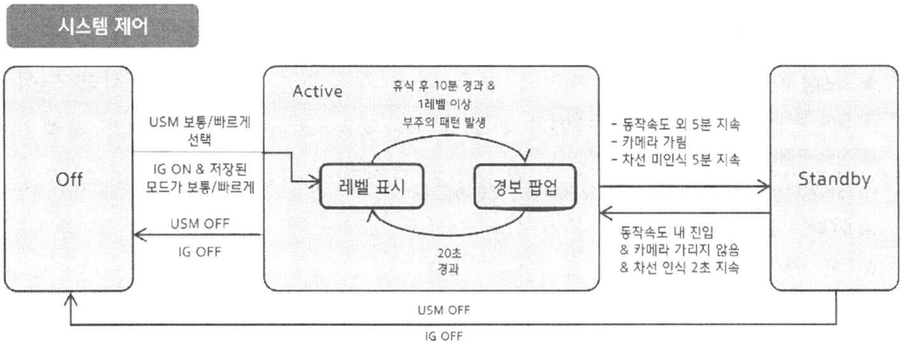

[그림 1-15]

2.3.5. 부주의 운전 검출조건

차선 추종 불량	비의도적 차선침범	과대 조향	과소 조향
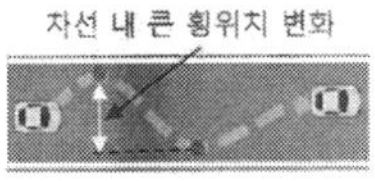	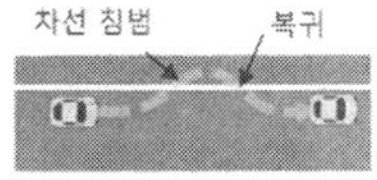	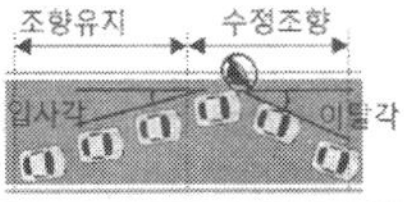	
차선 추종능력이 떨어져 차선 내 횡위치 변화량이 커짐	부주의로 차선을 약간 넘어간 후 본 차선으로 복귀	부주의에 의한 갑작스런 큰 조향 패턴	부주의에 의한 조향휠 파지악력 감소

[표 1-6] 운전자의 차량 조작상태(예외조건)

구 분	턴 시그널 비상등 조작	감속 (브레이크 조작)	가속(엑셀 조작)	차선변경
주요 사양	좌·우 턴 시그널 및 비상등 On	마스터실린더 압력 5bar 이상	가속페달 기준값 이상 밟는 경우	인접차선으로 변경한 뒤 차선유지

2.4. 고속도로 주행지원(Highway Driving Assist)

2.4.1. 고속도로 주행지원 (HDA)

차간거리 제어, 차로 유지제어, 고속도로 본선판단 등 고속도로 주행 시 운전자 부하 경감을 위한 차간거리, 차로유지 통합제어 시스템이다.

[1] 차간거리제어(Advanced Smart Cruise Control)

전속도 구간(0~150kph), 제한속도 자동설정(NAVI 정보)

[2] 차로유지제어(Lane Guidance)

전속도 구간(0~150kph), 차로중앙 추종제어

[3] 고속도로 본선 판단(시스템 활성화/해제)

① 고속도로 본선 → 시스템 활성화

② 개방형 톨게이트 → 시스템 자동해제(톨게이트 전·후 500m)

③ IC, JC, 휴게소 → 시스템 미 작동

2.4.2. 시스템 구성

① 전방 레이더 : 전방, 주변차량 정보 인식

② 전방 카메라 : 차선, 전방차량 인식

③ 내비게이션 : 고속도로 본선, IC, JC, TG여부 제한속도 등 공유

④ MOPS : 조향 액추에이터

⑤ ESC : 가·감속 액추에이터

⑥ 클러스터 HMI : 표시장치

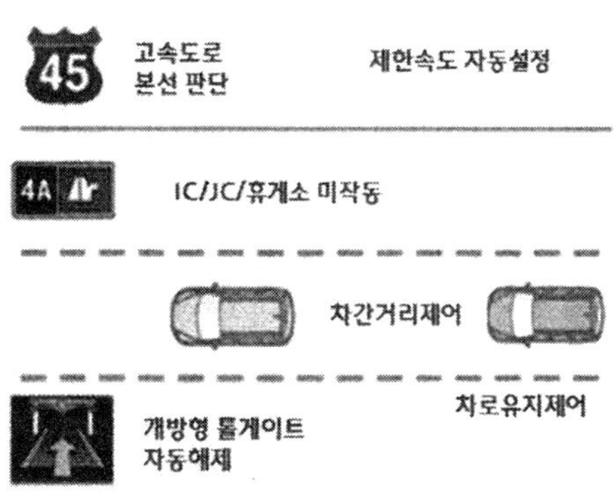

[그림 1-16]

2.4.3. 고속도로 진 · 출입 판단

[1] 고속도로 진입판단

내비게이션에서 정보가 송출되는 구간(고속도로본선 합류 형태)

① 진입구간이 존재하는 경우(왼쪽상황)

② 진입구간이 존재하지 않는 경우(오른쪽상황)

[2] 고속도로 진출판단

내비게이션에서 정보가 송출되지 않는 구간(IC, JC, 휴게소로 송출)

① 운전자가 HDA기능을 해제하지 않고 고속도로 본선을 이탈하면 기능이 해제된다.

② 자동해제 기능 아님

③ 팝업 후 기능해제, "고속도로 주행지원 작동구간이 아닙니다."

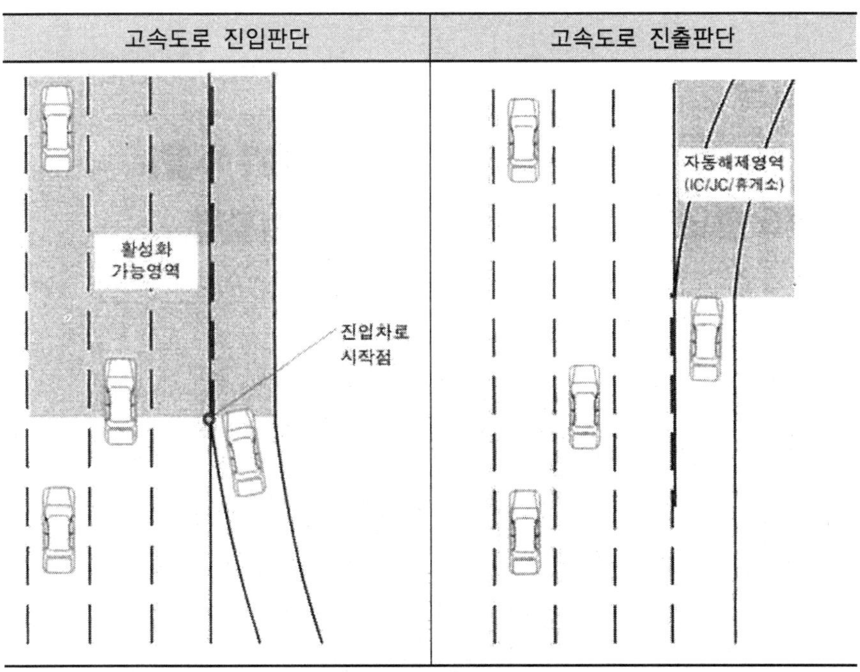

[그림 1-17]

[3] 톨게이트 자동해제

① 톨게이트는 내비게이션에서 지점정보로 송출된다.

② 톨게이트 구간 = 톨게이트 지점 ±500m

③ 톨게이트 구간의 형태

(1) Open형 톨게이트

톨게이트 구간에서만 고속도로 본선 제외

서울톨게이트, 서서울톨게이트, 외곽순환톨게이트 등 톨게이트 지점 이전과 이후에 모두 고속도로 본선으로 송출(팝업 후 기능 해제/ "고속도로주행지원 작동구간이 아닙니다.")

(2) 본선과 바로 연결되지 않는 톨게이트

일반적인 형태의 톨게이트(본선정보와 겹치지 않음으로 고려대상 아님)

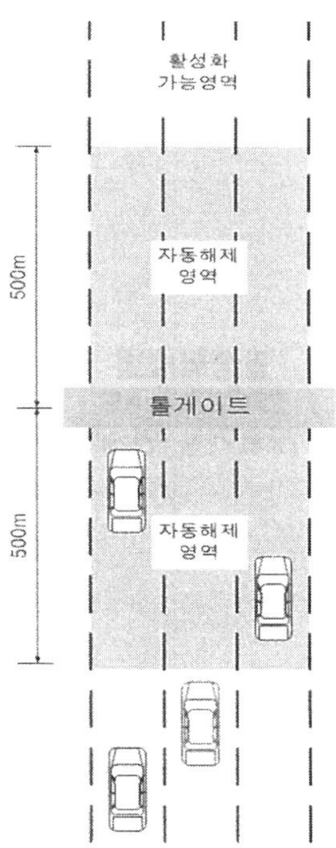

[4] 세부기능 및 조작방법

[표 1-7]

<table>
<tr><th>구분</th><th>세부 기능</th><th>조작 방법</th></tr>
<tr><td rowspan="2">활성화/해제</td><td>고속도로 본선 판단</td><td rowspan="2">-USM에서 HDA 선택
-SCC 활성화(Main 스위치 + SET누름)
-고속도로 본선에서만 HDA 활성화됨</td></tr>
<tr><td>IC/JC/TG/휴게소 판단</td></tr>
<tr><td rowspan="2">종방향 제어</td><td>ASCC</td><td>별도 조작 없음(자동 작동)</td></tr>
<tr><td>제한속도 자동설정</td><td>-초기 속도 설정모드 : 수동속도 설정모드
-운전자가 설정속도를 고속도로의 제한속도로 설정 시, 자동 속도설정모드 진입</td></tr>
<tr><td>횡방향 제어</td><td>차로 중앙 추종
정체구간 대응제어</td><td>별도 조작 없음(자동 작동)</td></tr>
</table>

[표 1-8]

<table>
<tr><th>구 분</th><th colspan="4">내 용</th><th>비 고</th></tr>
<tr><td>작동영역</td><td colspan="4">- 고속도로본선(NAVI 정보기반)
- HDA기능 : 0~150kph</td><td>핸즈오프 경보 후 대기로 전환, 다시 파지할 경우, 횡방향 제어기능 복귀</td></tr>
<tr><td rowspan="7">SCC/LKAS 개별기능 연계 활성화 방법</td><td colspan="4">- USM에서 HDA 선택
- SCC MAIN ON + SET</td><td rowspan="7">HDA 기능해제 조건
① 기본 SCC 해제조건
② 개방형 톨게이트 진입 시 자동해제, 톨게이트 전·후 500m
③ IC, JC, 휴게소 진입시 강제해제
④ 고장에 의한 해제
⑤ 동작 속도영역 초과 자동해제 0~150kph</td></tr>
<tr><td>도로</td><td>SCC 활성화</td><td>LKAS 활성화</td><td>시스템 작동</td></tr>
<tr><td rowspan="3">일반 도로</td><td>×</td><td>○</td><td>LKAS</td></tr>
<tr><td>○</td><td>×</td><td>SCC</td></tr>
<tr><td>○</td><td>○</td><td>SCC+LKAS</td></tr>
<tr><td rowspan="2">고속 도로</td><td>×</td><td>○</td><td>LKAS</td></tr>
<tr><td>○</td><td>-</td><td>HDA</td></tr>
<tr><td rowspan="2">유관 시스템 연동 관계</td><td colspan="4">USM 선택 후 본선 진입시
SCC → HDA 자동전환</td><td rowspan="2">- NAVI와 SCC관계
복수선택 기능/동시작동 가능/
개별 작동 가능.</td></tr>
<tr><td colspan="4">HDA 작동 중, LKAS는 비 활성화</td></tr>
</table>

[5] HDA Hand Off 경고기능

① 운전자가 핸들을 잡지 않은 상태에서 장시간 주행하는 것을 방지하는 기능이다.

② 차량의 거동의 안전, 위험상황에 따라 빈도의 차별화 직·곡선로 빈도 차별화, 속도에 따른 빈도 차별화, 차선 미 검지 시 빈도 차별화

③ Hands Off 경고는 기능정지 혹은 운전자 핸들 파지 시에만 작동 해제할 것.

[표 1-9]

항 목	변 경	사유
운전자 핸들 미파지 판단	0.5Nm	토크센서의 편향 및 주행 시 도로면에서의 충격 등으로 0.5 Nm보다 낮은 임계치 적용 시, 운전자 미파지 상태에서 해제 발생 가능
직·곡선로 경보 빈도 차별화(위험 안전 상황대처)	-직선로(반경 1000m 이상) 속도별 경보 차별화 -곡선로(반경 1000m 이하) 미파지 주행 12sec	직선로 주행 시 경보 빈도 감소
속도별 경보 빈도 차별화	주행거리 500m 기준 150kph → 12sec 100kph → 18sec 20kph → 90sec	저속주행 시 경보 빈도 감소
위험상황 경보빈도	차로 중앙 이탈거리 30cm 이상 미파지 판단 12sec 지속시 경고	중앙 이탈로 인한 위험상황 에서 미파지시 경고
차선 미 검지 시	미파지 판단 12sec 지속시 경고	미 제어상태이므로 위험상황임.

[6] 특이 상황

① 고속도로 본선에서 휴게소로 진입하는 경우에는 내비게이션에서 경로 이탈(Off Route)신호 송출 후 휴게소 내 기능 미 작동.

② 갓길, 졸음쉼터 등의 고속도로본선 인접 시설에 진입하는 경우에는 고속도로 본선과 구분하여 정보를 송출하지 않는다.

[7] 한계 상황

① 고속도로본선 교량 하부에 존재하는 일반도로에서 고속도로 본선으로 판단할 가능성이 있으며 반대경우도 존재한다(평택 서해대교 하부 일반도로).

② 고속도로 본선과 인접한 일반도로를 고속도로 본선으로 판단할 가능성이 있으며 반대의 경우도 존재한다(경인고속도로와 인접한 일반도로).

③ 고속도로본선이 상부, 하부로 나누어지는 구간에서 제한속도를 잘못 인식할 수 있다(영종대교 상부는 100km/h, 하부는 80km/h).

④ 운전자가 업데이트 미실시할 경우 신설, 변경된 고속도로의 정보가 반영되는 절차와 시간이 필요하고, 운전자가 업데이트를 실시하지 않으면 오동작을 할 수 있다.

3 자동 긴급 제동(AEB)시스템

3.1. 자동 긴급 제동(AEB)시스템의 개요

AEB(Autonomous Emergency Braking)시스템은 운전자의 주의산만과 같은 요인으로 제동시점이 늦어지거나 제동력이 충분히 확보되지 않아 발생할 수 있는 차량과 보행자의 추돌이 예상되는 상황에서 자동으로 경보와 브레이크를 작동하여 사고를 미리 방지하거나 그 피해를 최소화하는 목적으로 하는 기능이다. 이 기능은 처음에 자동차(주행/정지)를 대상으로만 제어 가능하여 K9(KH)에 최초 적용되었다. 현재에는 차량 AEB뿐만 아니라 보행자에 대한 AEB기능이 신 차종에는 거의 적용되었다.

AEB시스템은 Camera와 Radar를 Sensor Fusion하여 도로의 상황을 파악하여 위험요소 판단 시 차량 및 보행자를 Detection 한다. 그 후 충돌이 예상될 경우 경보와 브레이크를 작동시켜 충돌을 방지하는 시스템이다. 카메라 처리신호와 Radar 신호를 fusion하여 기존의 레이더 방식의 약점인 커브 진입 시 선행차량 오 인식 및 정지 차량에 대한 인식성능을 향상시켰다.

① 현대 모비스, 만도 AEB 적용(차량 & 보행자 인식 후 제동제어)

② AEB 작동 ON/OFF 및 경보 시점 3단계 제어(빠름-보통-늦음) USM에서 설정

③ 경보 형태는 계기판 이미지와 부저음(PSB 미적용)

[그림 1-18]

④ 사물의 정확한 인식을 위해 레이더와 카메라 정보 퓨전

3.2. AEB시스템의 기능

기능은 다음과 같이 3가지로 나뉘어져 있으며 2018년도부터 유럽 북미지역에 법규로 의무화 될 예정이다.

① AEB City : 정지 차량 대상

② AEB Urban : 주행차량 및 정지 중인 차량 대상

③ AEB Pedestrian : 횡방향 움직이는 보행자 대상

3.3. AEB시스템의 구성

ABE의 주요 구성품은 레이더와 카메라로 구성되어 있다. 레이더는 전방의 물체를 판단하고 카메라의 정보와 퓨전하여 사람 또는 차량인지를 판단한다. 전방의 차량 또는 사람에 의해 AEB가 작동해야 한다면 레이더는 VDC(ESC)에게 차량제어 요구를 보낸다.

VDC(ESC)는 이 정보에 따라 엔진의 토크제어 및 제동제어를 실시하며 동시에 브레이크 램프 점등 및 계기판에 경고 메시지와 부저를 통해 운전자에게 AEB 작동을 알려 준다.

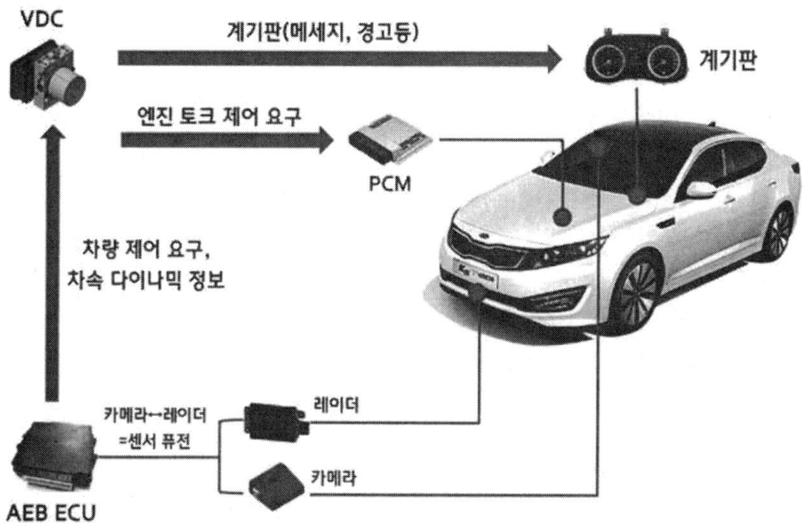

K-7, K-9, 제네시스

[그림 1-19]

AEB의 작동은 계기판 USM에서 ON/OFF 설정가능하며 추가적으로 AEB 경보시점을 3단계(빠름-보통-늦음)로 조절가능하다. 추가로 VDC시스템 OFF 선택시 AEB도 함께 OFF 된다(OFF 지시등 함께 점등).

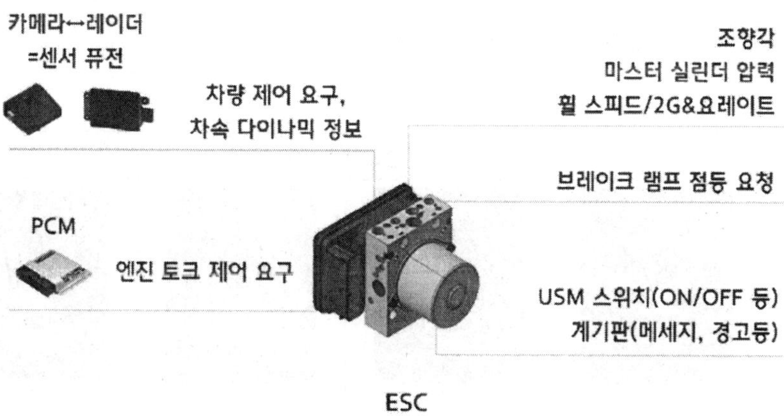

카메라 ↔ 레이더 : L-CAN　　　레이더 ↔ 타 제어기 : C-CAN통신

[그림 1-20] 아반떼

[1] 레이더 제원

① 제조사 : Denso

② 주파수 사용 대역 : 77GHZ

③ 타겟 감지 수 : 최대 64개

④ 탐지거리 범위 : 1~205m

⑤ 작동온도 : -45~85℃

⑥ 연관 제어기와 통신 : CAN통신

⑦ 장착위치 : 앞 범퍼 중앙에 장착

3.4. AEB의 작동시스템

ABE작동은 3단계로 구분하며 각 경고메시지 및 상태는 아래의 그림과 같다. 1차 경고에 진입한 차량의속도가 차량상대 AEB의 경우 75~80Km/h 이상이면 급정지(MAX 제동 작동)로 인한 운전자 위험 등의 추가적인 문제발생 가능으로 3단계에서 0.35g까지 제어한다.

보행자 AEB는 1차 경고에 진입한 속도가 65~70Km/h 이상이면 1~3단계 경고를 모두 제어하지 않는다. 그리고 운전자가 브레이크 작동 중이라 하더라도 충분한 제동력이 발생되지 못한 경우 AEB작동 가능하며 악셀 페달을 밟고 있다고 하더라도 30~60% 미만이라면 AEB는 작동된다. 추가적으로 AEB작동 중 ABS 등의 작동조건 만족 시 AEB+ABS 협조 제어를 할 수 있다.

구 분	경고 메시지			
계기판 이미지			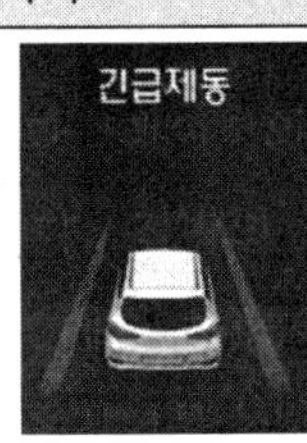	

[그림 1-21]

참고적으로 1g의 감속도는 1초에 약 35Km/h의 속도변화를 생각하면 된다. 예를 들면 약 35Km/h의 속도로 주행 중인 차량이 사고로 인해 1초 후 0Km/h가 되었을 경우 1g의 감속도가 되었다고 이해하면 된다.

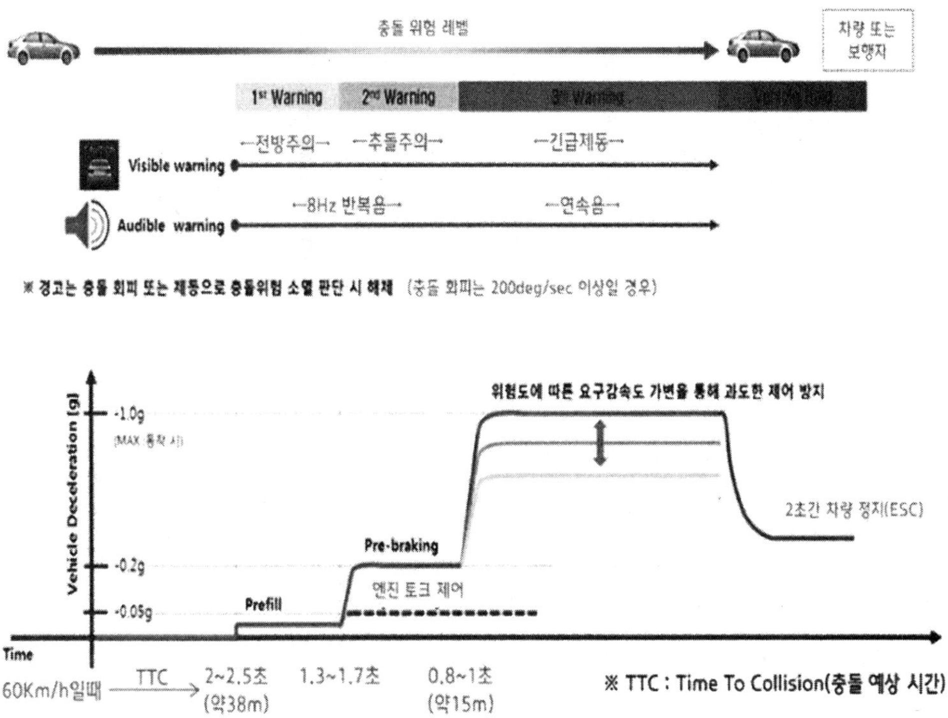

[그림 1-22]

3.5. AEB Software의 구성 및 회로도

ABE의 주요 구성품은 레이더와 카메라 ECU이다. 레이더와 카메라의 정보를 퓨전하여 전방의 물체·사람 또는 차량인지를 판단한다. 전방의 차량 또는 사람에 의해 AEB가 작동해야 하는 경우 AEB/SCC ECU가 ESC에게 차량제어 요구를 보낸다.

ESC는 이 정보에 따라 엔진의 토크제어 및 제동제어를 실시하며 동시에 브레이크 램프 점등 및 계기판에 경고 메시지와 부저를 통해 운전자에게 AEB작동을 알려 준다.

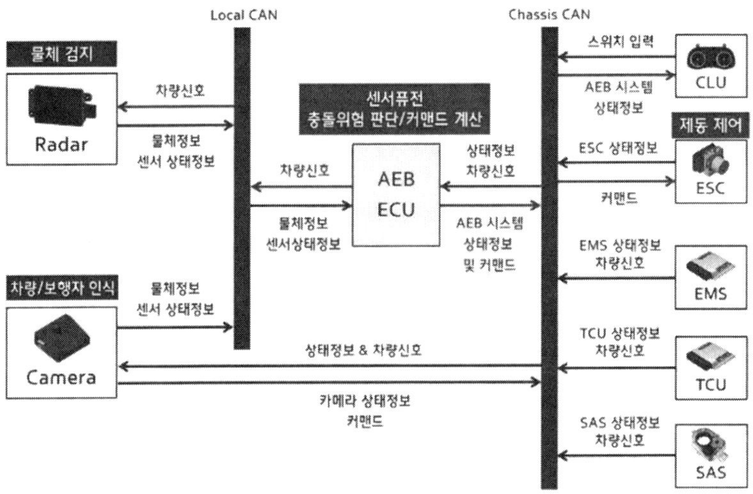

[그림 1-23]

카메라와 일체인 차선 이탈방지 유닛(LDWS)용 주요제어가 모두 CAN통신으로 제어된다. 여기서 L(Local)-CAN은 자동 긴급 제동시스템인 AEB제어를 위해 레이더와 카메라만이 필요한 정보를 주고받는 통신이며 다른 모듈과의 통신을 담당하는 C-CAN의 부하 감소를 줄이는 목적으로 사용되는 CAN통신이다.

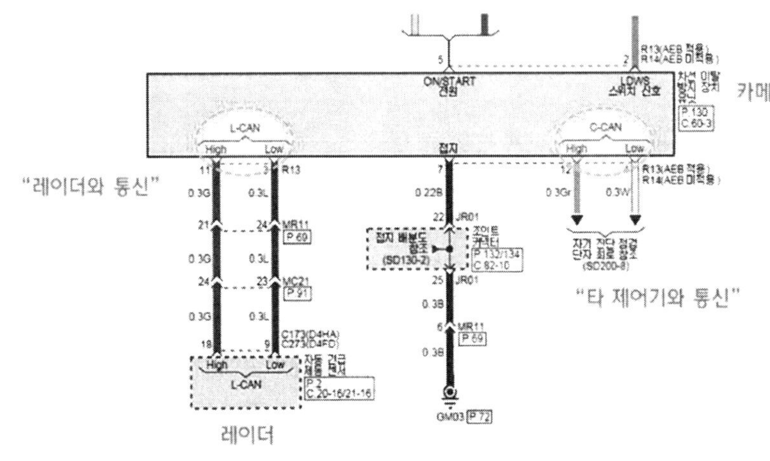

[그림 1-24]

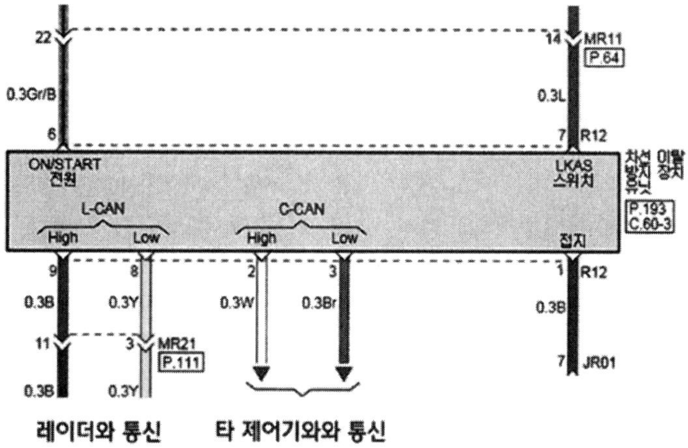

[그림 1-25] 아반떼 차선 이탈방지 회로도

3.6. AEB의 작동조건

[표 1-9]

구 분		작동 사양	
		차량 AEB	보행자 AEB
작동 속도		-동작 범위 : 0~180km/h High G 제어범위 : 0~80km/h - Full Brake 제어 : 0~75km/h (80km/h 이상시 0.35g까지 제어)	-동작 범위 : 0~65km/h High G 제어범위 : 0~65km/h -Full Brake 제어 : 0~65km/h (65km/h 이상 시 모든 경고제어 금지)
제어진입속도		8km/h 이상(스위치는 Default ON)	
HMI	경보시점	3단계(빠름-보통-늦음) 경고 시점 선택 가능 : 계기판 USM	
	경보형태	경고음과 계기판의 경고 메시지(전방주의 → 추돌주의 → 긴급제동)	
	시스템 OFF	시스템 OFF 선택 시 고장 시와 동일한 경고등 점등	

3.6.1. 제어 해제조건

[1] 운전자의 정상적 해제

① AEB OFF 선택시

② VDC(ESC) OFF 선택시(2Step Only)

[2] 운전자의 동작 해제

① 최대 작동속도 초과

② 급격한 선회 시(180deg/s 이상)

③ 기어위치 P, R, N

④ 가속페달 30~60%(차종상이) 이상 시

[3] 시스템 이상 해제

① 레이더, 카메라, ECU 고장시

② 연관된 타 모듈 및 CAN통신 고장시

3.6.2. 한계상황

[1] 환경적 요인

① 눈·비 및 안개등의 기상조건

② 역광, 반사광으로 카메라인식 불가 시

③ 카메라 및 레이더 오염

[2] 카메라 및 레이더 감지 한계

① 갑자기 끼어드는 차량 및 보행자(화각 이외)

② 전방 물체의 폭이 좁은 경우

③ 야간 전방 차량의 후미 등이 비대칭이거나 꺼진 경우

④ 다가오는 차량과 후진 접근 차량

3.6.3. 경고등 점등

ABE시스템의 고장 또는 이물질 등에 의해 정상작동이 불가할시 경고등 점등 및 경고 메시지가 10초간 점등 후 통합 경고등 램프가 점등된다. 또한 VDC OFF 선택 시 AEB도 함께 OFF된다.

시스템 고장 : DTC 점등	임시고장 : 레이더이물질 및 고온(85℃이상)
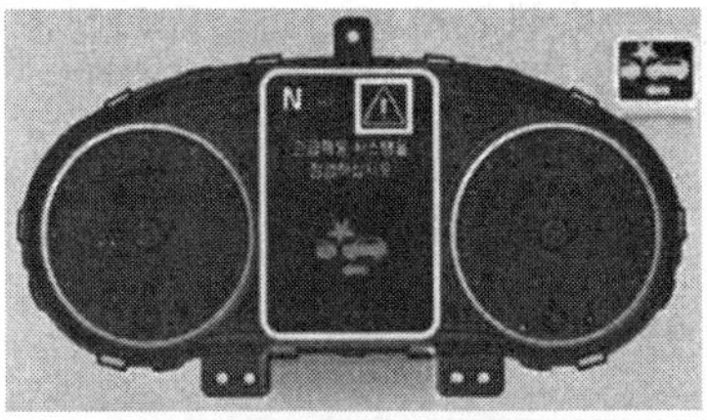	
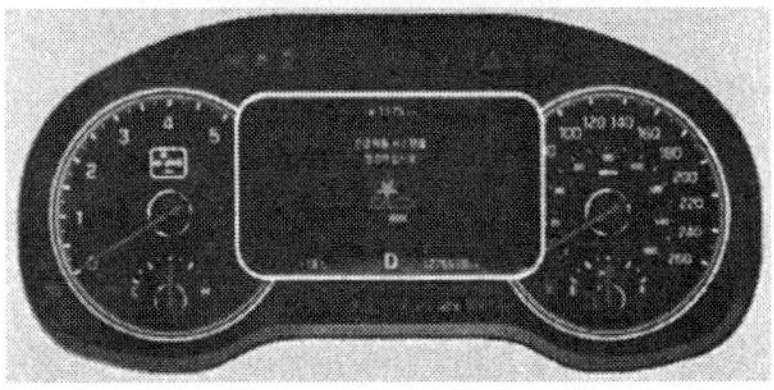	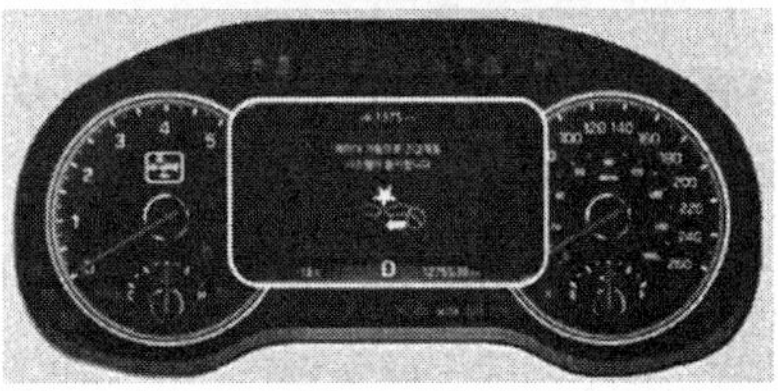

① USM 내의 “긴급제동 시스템”문구 비활성화
② “긴급제동 시스템을 점검하십시오.” 메시지10초 점등 후 통합 경고등 램프와 고장 경고등(황색) 점등

[그림 1-26]

3.7. AEB 베리언트 및 레이더 보정방법

차량사고 또는 레이더교환 후 반드시 보정을 통해 센서 정렬을 해야 한다. 먼저 진단 장비를 통한 센서 보정을 수행하면 레이더에 입력된 기존 정렬값(출고 초기 값)이 초기화되어 기본적인 감지기능을 수행한다.

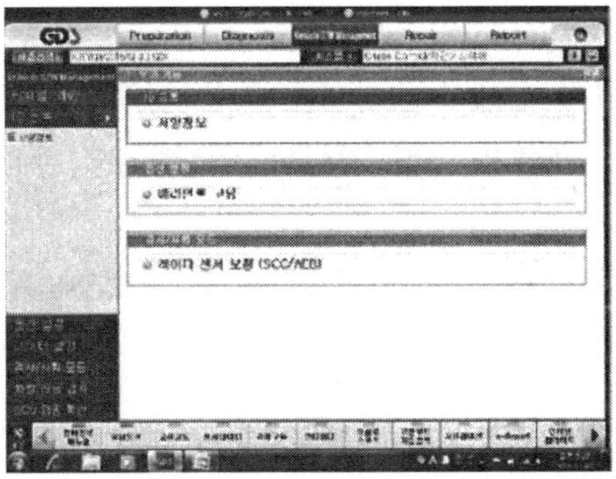

(a)

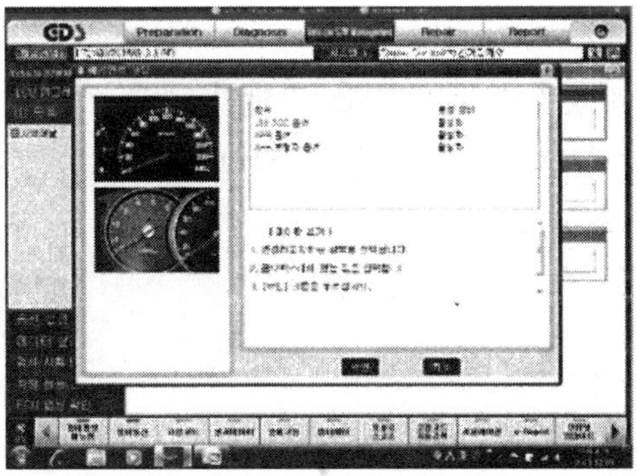

(b)

[그림 1-27] AEB 베리언트 설정방법

이후 주행을 통한 자동정렬(Auto Calibration)을 실행하여 레이더 보정을 마칠 수 있다. 만일 진단장비의 초기화 후 자동주행 정렬을 수행하지 않으면 정확도가 떨어지며, 장착 각도(±3°)를 벗어난 상태로 정렬시 DTC코드가 발생되어 BSD기능을 사용할 수 없다.

3.7.1. 레이저 장비 설치

① 바닥이 고른 작업공간에 차량을 주차한다.

② 차량조건인 공차·좌우 수평 등을 확인한다.

③ 전면 중심부 앞 2.5~4.2m(규정값)거리에 레이저 장비를 설치한다.

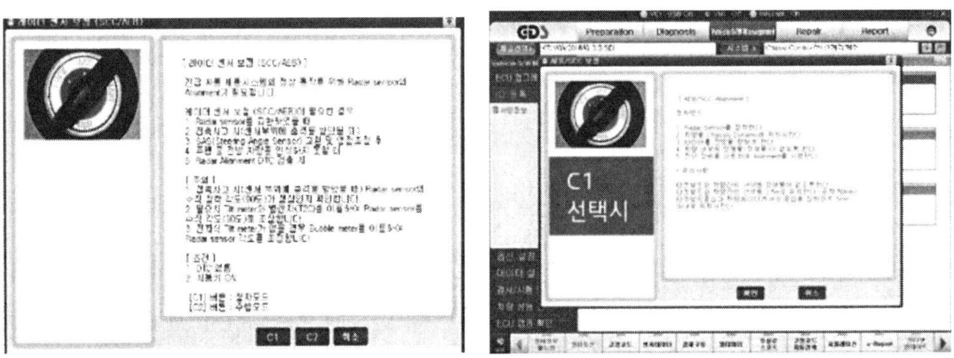

(a) (b)

[그림 1-28] 레이더 보정방법

레이더 보정의 C1은 차량이 구동 가능한 롤러 위에서 전방의 타겟을 두고 진행하는 방법이며 C2는 롤러 및 타겟이 없을 경우 주행을 통해 레이더 보정학습을 수행할 수 있다.

① 삼각대에 레이더 보정용 레이저를 연결한다.
② 레저를 이용하여 레이저의 수직선을 A와 B점에 일치한다.
③ A점으로부터 차량전방의 1.5 ±0.3m위치한 C점을 표시한다.
④ 수직추를 C점에 두고, 레이저를 분리 후 리플렉터의 중심 높이 330mm에 설치한다.
⑤ 진단장비에서 " SCC 얼라이먼트"를 선택 후 지시에 따라 정렬을 실행한다.

[그림 1-29]

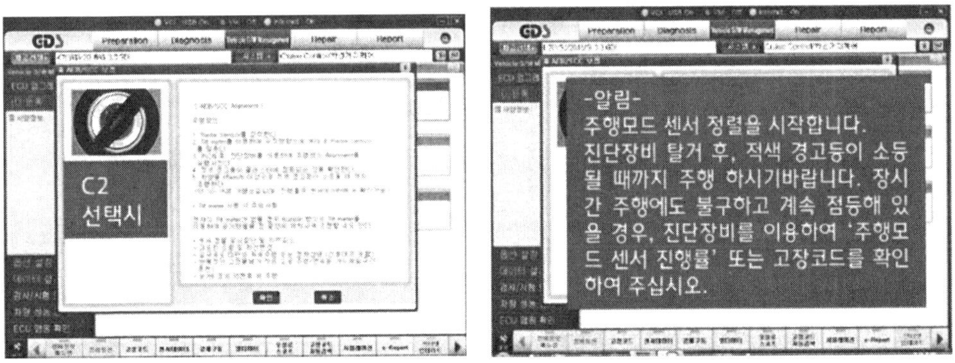

(a) (b)

[그림 1-30]

3.7.2. AEB 베리언트 및 레이더 보정방법

[1] GDS를 활용한 SCC Alignment

① 레이더 장비 설치가 완료되면 진단장비를 연결해 SCC 얼라인먼트 항목을 선택한다.

② 설정조건 확인 후 다음 진행상황을 확인한다.

③ 화면의 거리는 차량 앞부분과 리플렉터사이의 거리를 입력한다.
예) 3m로 한 상태라면 300을 입력한다.

④ 완료 메시지 후 모든 캘리브레이션 작업이 정상적으로 수행된다.

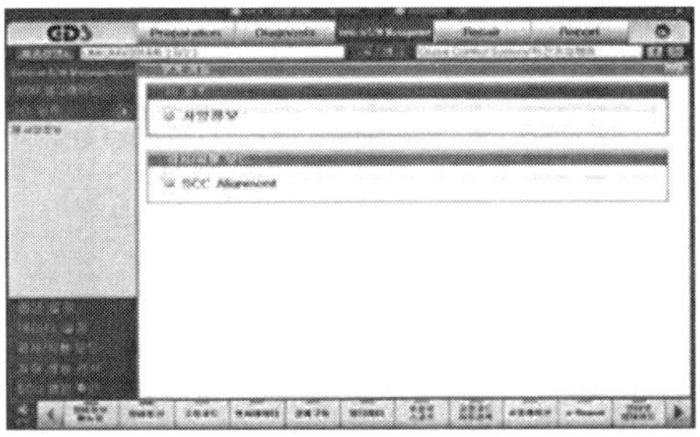

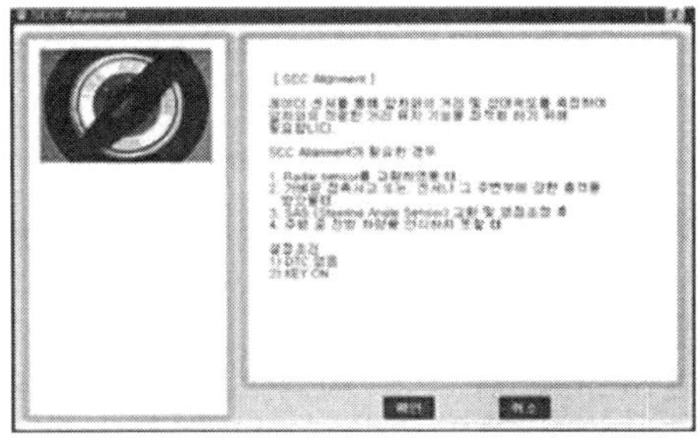

(a) SCC Alignment 항목선택　　(b) 설정조건 확인 후 확인 선택

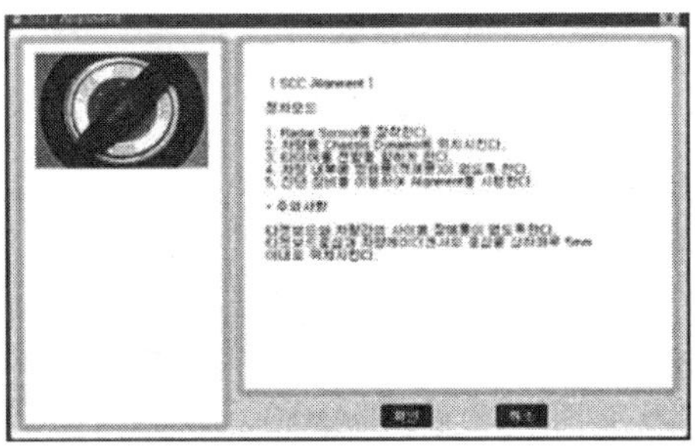

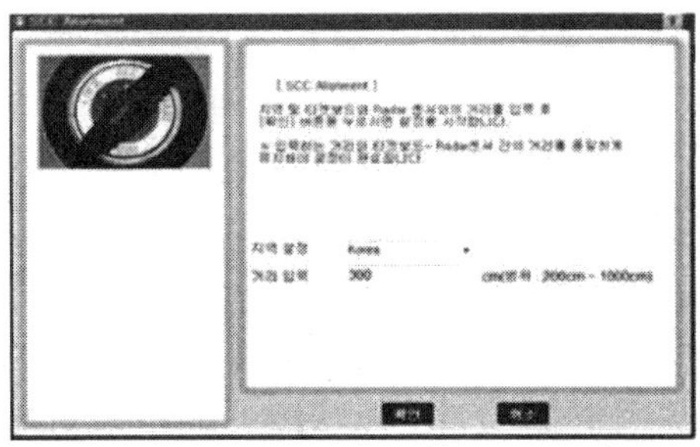

(c) 모든 조건이 일치하면 확인 선택　　(d) 지역선택과 거리입력 후 확인 선택

[그림 1-31] 레이더 보정방법

① 차량 리프트 장비를 이용하여 수평면 기준을 맞춘다.
② Digital tilt meter기를 이용하여 수직각도를 0도로 맞춘다.

[그림 1-32] 수직 보정

① 주행중 주변 장애물(가드레일, 반복 고정물 등)을 이용하여 자동 보정한다.
② 50Km/h 이상의 속도로 5분간 직선 도로 주행한다.
③ 보정 완료시 경고등 소등

[그림 1-33] 수평 보정

참고

전방사고 등에 의해 레이더를 교체 후 보정을 해야 할 경우 먼저 수포 게이지 등을 이용하여 레이더의 수직을 맞춘 후 진단장비를 연결하여 수평 보정(주행보정)을 실시해야 한다.

(1) 자동 주행 정렬방법

① 일반적으로 약 30분소요(도로조건에 따라 다름)
② 차량속도 45Km/h 이상
③ 커브나 경사가 없는 직선도로 주행
④ 평탄하고 굴곡이 적용 아스팔트 도로주행
⑤ 반복적인 고정 목표물(가드레일 등)이 있는 도로
⑥ 눈·비 등이 내리지 않는 건조하고 맑은 날씨

(2) 자동주행 정렬 일시중단 및 지연요소

① 반경 70m 이내의 급한 커브길 주행
② 차량속도 15Km/h 이하 또는 정차상태
③ 좌·우 회전 등의 과도한 조향 또는 차선변경

4 오토 스마트 크루즈 컨트롤(ASCC)시스템

4.1. ASCC의 개요

ASCC는 전방의 레이더를 이용하여 선행(타겟) 차량과의 거리 및 속도를 측정하고 이 차량과 적절한 거리를 자동으로 유지하며 주행하는 편의기능이다. 또한 선행 차량이 정지한 경우 그 차량 뒤에 일정거리를 두고 정차하며 재 출발시 함께 출발하는 기능인 STOP & GO기능을 제공한다.

또한 고속도로 안전구간 자동 감속기능이 적용되어 고속도로에서 ASCC작동 중 내비게이션으로부터 전방의 제한속도 정보를 사전에 수신하여 현재 차량이 제한속도 이상으로 주행하는 경우 일시적으로 감속하거나 가속을 제한하여 운전자에게 드라이브의 편의를 제공한다(USM에서 ON/OFF 설정가능).

① 만도 ASCC 적용

② 부가적으로 고속도로 안전구간 자동 감속기능 적용

③ 선행 차량과의 적절한 거리 및 차속유지

④ 기존 K7 I K9과 기능적으로 통일

⑤ AEB용 레이더와 공용으로 사용

⑥ 스마트 크루즈 컨트롤 응답성 3단계 조절가능(USM)

구 분	고속도로 안전구간 자동감속기능선택시	고속도로 안전구간 자동감속기능 작동중
계기판 이미지	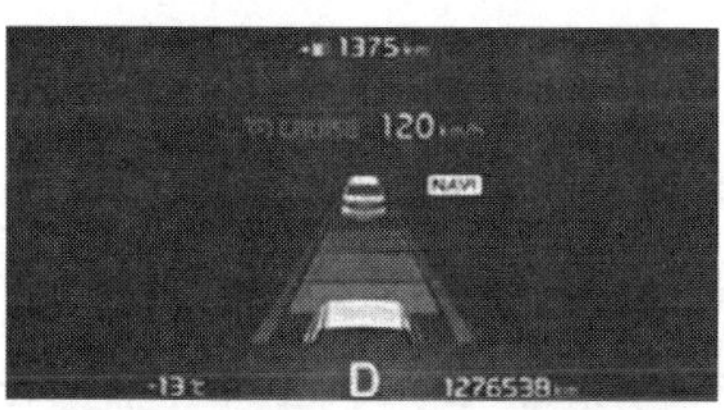	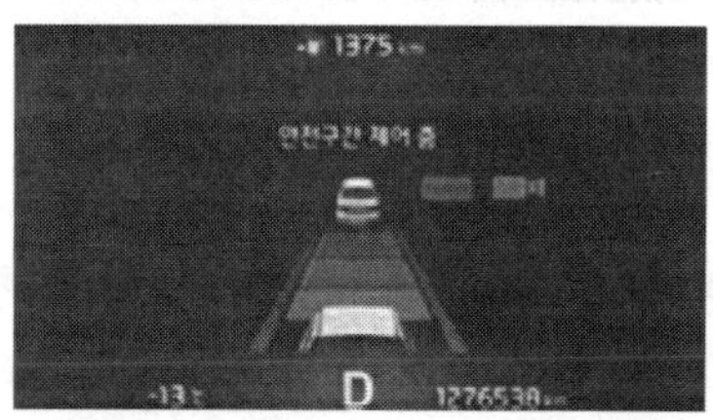
작동조건	USM에서 ON, ASCC 작동 중, 고속도로 본선에서만 작동	

5 ››› 후 측방(Blind Spot Detection) 경보시스템

5.1. BSD의 개요

BSD시스템은 주행 중 아웃사이드 미러에서 발생하는 사각지대에 위치한 차량에 대해 경보하기 위한 시스템으로, 부가기능으로 차선변경 시 후방에서 빠르게 접근하는 차량을 감지하여 차선변경 시 경보하는 LCA기능과 주차 후 후진 출차 시 측면에서 접근하는 차량을 감지하고 이를 경보하는 RCTA기능으로 구성된다.

만일 사각지대에 상대 차량이 위치해 있거나 후방에서 빠르게 접근하여(TTC기반) 차선변경에 위협을 가할 수 있는 차량이 있을 경우 아웃사이드 미러의 경보등을 점등하여 이를 알리고, 경보등 점등 후 차선변경을 위해 방향지시등 스위치를 조작하면 경보등 점멸 및 오디오시스템을 활용한 방향성 경보를 통해 위험상황을 알려준다. BSD의 최대 감지거리는 레이더센서 기준 30m이다.

[표 1-10]

구분	BSD(Blind Spot Detection)	LCA(Lane Change Assist)	RCTA(Rear Cross Traffic Alert)	SBSD(Smart Blind Spot Detection)
이미지		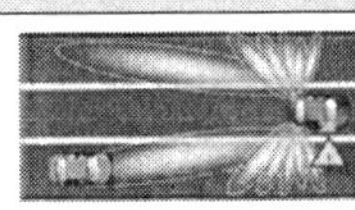	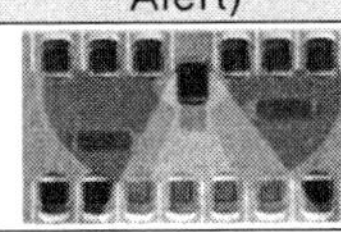	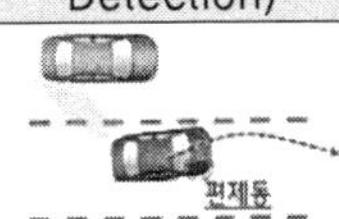
	사각지대 차량경보	후방 고속접근 차량 경보	후진시 측면접근 차량경보	후방차량 추돌회피 지원

5.2. BSD의 작동

후 측방 경보시스템(BSD)은 주행중 운전자의 의지에 따른 후 측방 경보시스템(BSD)의 스위치를 ON하면 작동 중을 알 수 있는 램프가 클러스터 또는 사이드미러에 점등된다. 후 측방 경보시스템(BSD)의 이상시 램프는 점멸 또는 소등된다. 시스템이 다시 시작될 때마다 마지막 유효시스템 상태를 다시 적용한다. 시스템이 켜진 경우, 후 측방 경보시스템(BSD)은 활성 또는 비활성 상태일 수 있다. 시스템이 활성화될 수 있도록 다음 두 조건이 충족되어야 한다.

주행속도는 30~60km/h의 최소 속도를 넘어야 하고 현재 곡률반경은 코너링 동안 125~170m 이하여서는 안 된다. 두 조건 중 하나라도 충족되지 않는 경우, 후 측방 경보시스템(BSD)은 비활성 모드로 전환된다. 그러나 시스템이 활성 상태인지 비활성 상태인지에 대해서 운전자는 램프의 점등여부로 알 수 있다(주행속도와 곡률반경은 메이커별 상이).

[표 1-11]

	BSD 사각지대 경보장치	LCA 차선변경 지원장치	RCTA 후측방 접근 경보장치
기 능			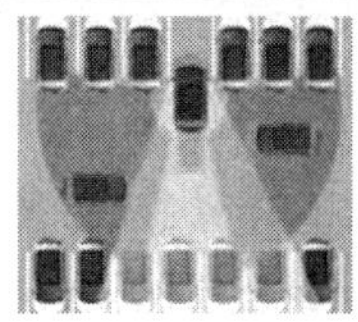
설 명	주행중 후측방 사각지대의 차량을 감지하여 운전자에게 경보하여주는 장치	주행중 후측방에서 고속 접근하는 차량을 감지하여 운전자에게 경보해주는 장치	후진시 좌·우 측방에서 접근하는 차량을 감지하여 운전자에게 경보해주는 장치
동작 속도	30km/h 이상	30km/h 이상	0~10km/h(후진 시)
경보 영역	후방 3.8~6.3m(자차속도에 따라 경보영역 가변)	후방 최대 70m	좌·우 측후방 최대 25m(자차속도에 따라 경보영역 가변)
상대 속도	-10~+255km/h	-10~+255km/h	+4~+60km/h(좌·우접근속도)
경보 조건	목표차량 경보영역 진입	목표차량 경보영역 진입 +TTC 4.5초 이내	목표차량 경보영역 진입 +TTC 2.2~3.2초 이내
경보 방식	-1차 경보(턴 시그널 미작동시) : 인디케이터 점등 -2차 경보(턴 시그널 작동시) : 인디케이터 점멸 + 경보음	-1차 경보(턴 시그널 미작동시) : 인디케이터 점등 -2차 경보(턴 시그널 작동시) : 인디케이터 점멸+경보음	인디케이터 점멸+경보음

5.3. BSD의 기능

후 측방경보시스템(BSD)의 두 제어모듈은 송신 안테나를 사용하여 레이더 빔을 일정한 주파수로 방사한다. 방사된 레이더 빔은 물체에 의해 반사된다.

따라서 방사된 주파수는 물체의 고유 특성에 따라 빔 반사량이 많거나, 적거나 전혀 없게 된다. 반사된 빔은 수신안테나를 통해 제어모듈에서 측정된다. 반사된 빔의 물리적 성질을 기초로 제어유닛은 반사체에 관한 다양한 정보를 얻을 수 있다.

이러한 물리적 성질에는 레이더 신호 송신 및 수신사이의 시간 지연, 송신 및 수신된 신호사이의 주파수 변조, 수신 안테나에서의 상이한 위상위치를 예로 들 수 있다. 이를 기초로 여러 물체의 현재 위치, 속도 및 이동방향을 계산할 수 있다. 각 제어 모듈은 충돌 장애물, 도로 또는 정지한 차량의 가장자리 구조와 같은 고정된 반사체를 개별적으로 탐지할 수 있다. 이러한 물체로 인해 경고가 발생해서는 안 되므로 제어모듈은 이를 더 이상 추적하지 않는다. 움직이는 차량으로 인식된 물체는 마스터 제어모듈에 의해 추적된다. 또한, 굽은 도로구역은 이 제어모듈에서 직선도로 구역으로 변환된다. 이를 통해 경고 알고리즘은 더욱 쉽게 현재 상황을 평가할 수 있다.

이러한 방식으로 처리되는 데이터는 전용 CAN을 통해 경고 알고리즘이 실행되는 제어 모듈에 제공된다. 차선변경을 시도할 경우 제어모듈이 사전 지정된 경고기준을 기초로 충돌위험을 인식하면 해당 측면의 경고등을 작동시킨다. 이러한 경고에도 불구하고 운전자가 위험한 쪽으로 방향지시등을 작동한 경우, 램프의 점등이 점멸등으로 바뀐다.

5.3.1. 후 측방 경보시스템(BSD)의 제어기능

후 측방 경보시스템(BSD)은 경고등과 경보음 등으로 제어를 한다. 경고등제어는 경고등 밝기 조절을 고객이 제어메뉴를 사용하여 외부 미러의 경고등 밝기를 개별적으로 조절할 수 있다. 이를 위해 회전식 제어장치를 눌러 차량 통합제어시스템의 차량 메뉴에서 후 측방 경보시스템(BSD) 메뉴항목을 선택하여 활성화 한다.

경고등 밝기는 외부의 조건에 따라 다른 레벨로 설정할 수 있다. 초기에는 기본레벨이 설정된다. 선택을 완료하면 경고등이 선택된 밝기로 수초 동안 켜진다. 개인설정 후 주행 종료 시에 개인에 의해 선택된 밝기 설정이 측면 보조장치 제어모듈에 마지막으로 사용된 설정 값이 저장된다. 이 설정은 다음 주행 시에 다시 활성화된다.

또한 경고음은 계기판 외장스피커 또는 외장 AMP적용시 방향성 경고음은 외장 AMP를 통하여 출력한다.

5.4. BSD의 구성

레이더(좌측. 슬레이브) 레이더(우측. 마스터) 경고표시등 사이드미러(좌, 우) HUD 디스플레이, BSD작동스위치, 이외에 다기능 스위치, 요레이트센서, 기어포지션 등의 정보는 CAN정보를 이용한다.

5.4.1. 레이더(좌측. 슬레이브)

현재 상황에 따른 좌측 또는 우측 경고등 활성화 경고기준을 위한 전송된 물체의 평가 정지한 물체의 인식 및 삭제(예 : 충돌 장애물) 반사된 빔의 평가 레이더 빔의 방사.

5.4.2. 레이더(우측. 마스터)

직선 도로구역으로 좌표 변환 움직이는 물체의 일정한 트래킹 정지한 물체의 인식 및 삭제(예 : 충돌 장애물) 반사된 빔의 평가 레이 레이더 빔의 방사.

[1] 좌, 우 레이더 탐지범위

탐지범위는 차량 후방 및 양 측면부위이다. 후방탐지 범위는 차량의 후방 가장자리에서 후방으로 약 50m까지이다. 이 부위는 [그림 1-34] A 및 B라인사이의 회색 부위에 해당한다. 측면부위는 차량의 후방 가장자리에서 대략 B필라 라인까지로서 B 및 C라인사이의 회색 부위에 해당한다. 회색 부위 폭은 약 3~4m이다.

센서 탐지구역 그림은 직선도로를 보여준다. 곡선도로 구역에서, 측면보조 장치는 약 170m의 최소 곡률반경 이상에서 작동한다. 곡률반경이 170m 제한값 이하가 되는 경우 방사된 레이더 빔이 더 이상 후방 탐지구역의 50m 전체를 모니터링 할 수 없다. 따라서 후 측방 경보시스템(BSD)는 비활성화 된다. 이 비활성화 임계값은 30m의 이력현상과 함께 제공된다. 즉 후 측방 경보시스템(BSD)장치는 곡률반경 때문에 비 활성화된 경우 곡률반경이 200m를 초과할 때 다시 활성화된다.

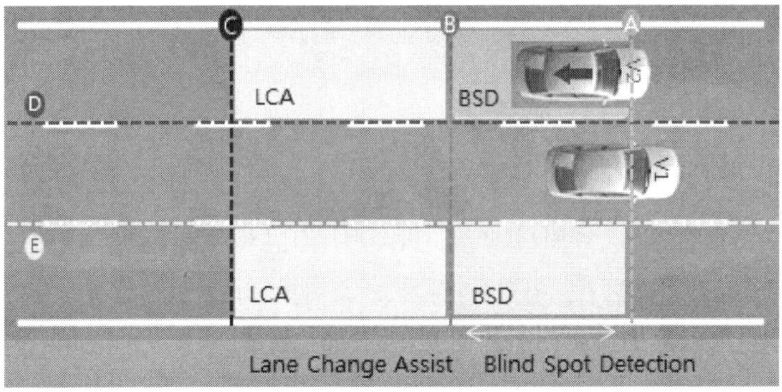

[그림 1-34] 후 측방 경보시스템(BSD) 레이더 작동범위

주행코스는 요 비율, ABS제어모듈에서 구한 개별 휠 속도를 통해 측면보조 장치 제어모듈에 의해 계산된다. 코너링 동안의 곡선 탐지구역은 소프트웨어에 의해 직선도로 구역으로 나타난다. 즉 운전자에 대한 주의 여부를 결정하는데 사용되는 경고 알고리즘에 대한 평가기준은 직선 및 곡선도로 모두에 동일하게 적용된다(메이커별 거리상이).

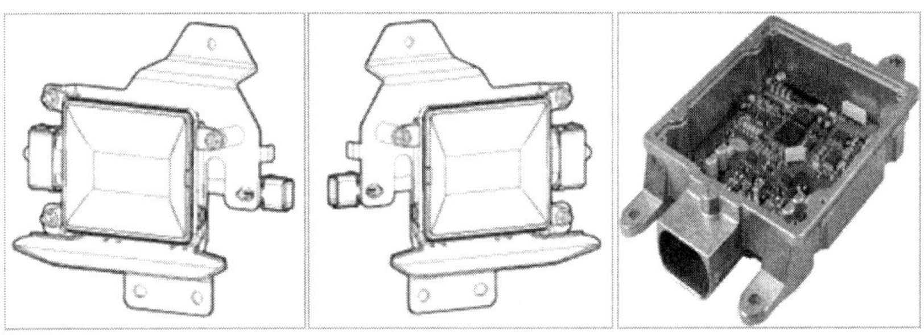

[그림 1-35] 후 측방 경보시스템(BSD) 레이더 모듈

5.4.3. 경고표시등 사이드미러(좌, 우)

후 측방경보시스템(BSD)은 차선변경 동안 2개의 좌, 우 외부 미러에 통합된 경고등을 통해 상황에 따라 운전자에게 위험 가능성에 대해 경고 또는 주의를 준다. 이에 대한 사이드미러의 측면 경고등은 미러 하우징을 분리하지 않고도 개별적으로 교체할 수 있다. 경고등은 측면 보조장치 슬레이브 제어모듈에 의해 직접 활성화된다.

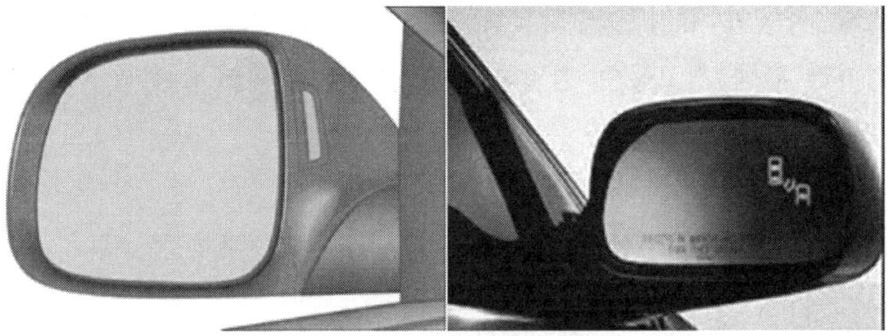

[그림 1-36] 후 측방 경보시스템(BSD) 사이드미러 경고등

경고등은 황색, 붉은색 LED로 구성된다. 후 측방경보시스템(BSD)은 2개 차선 중 1개에서 주변상황을 인식하고 급박한 차선변경이 없는 경우 해당 외부 미러의 경고등 조명을 통해 이 상황을 운전자에게 알린다.

방향지시등 작동을 통해 차선 변경의지가 입력되고 인접차선에 차량이 있는 경우 경고램프를 점멸운전자에게 경고를 준다. 경고램프의 밝기는 제어메뉴를 이용 경고등 밝기를 수단계로 조절할 수 있다. 레인센서 및 조도센서가 측정한 현재 주변 밝기도 경고등 밝기를 결정하는데 사용된다.

5.4.4. HUD디스플레이 HUD(Head Up Display)

경고등 작동순서는 주행 중 후측방에 이동하는 차량이 레이더센서에 감지되고 사각지대 영역에 진입하게 되면 1차 경고로 아웃사이드 미러와 HUD에 황색 경고등이 점등된다.

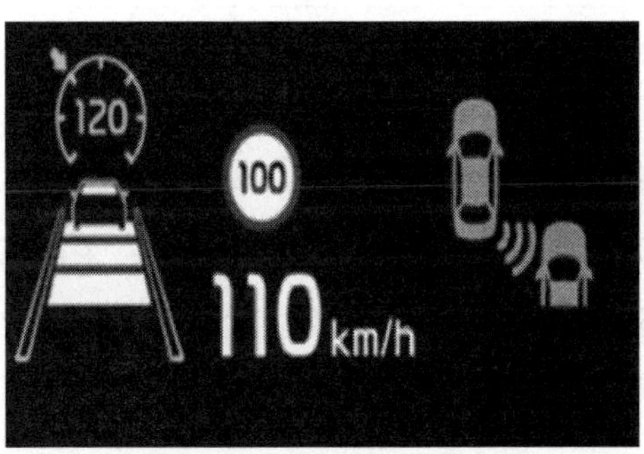

[그림 1-37] 후 측방 경보시스템(BSD) 디스플레이 클러스터

1차 경고 중 차량이 감지된 방향으로 방향지시등을 작동하게 되면 2차 경고로서 아웃사이드 미러 황색 경고등이 점멸하고 HUD 디스플레이에 적색 이미지가 점멸함과 동시에 경보음이 발생한다.

[그림 1-38] 운전자 사각지대

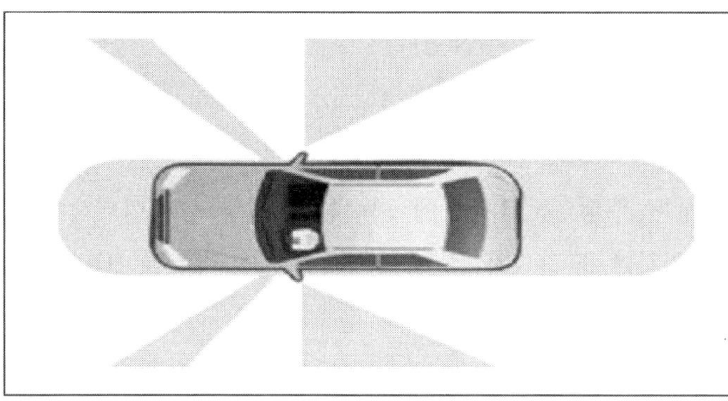

[그림 1-39] 운전자 차선변경 사각지대

5.4.5. BSD작동스위치(Blind Spot Detection)

BSD작동스위치는 운전석 도어 중앙 잠금스위치 우측 또는 클러스터 좌측 아래 위치한다(차종별상이). 이 버튼은 BSD작동스위치 온·오프시에 사용된다. 버튼의 적색 LED는 현재 상태를 나타낸다.

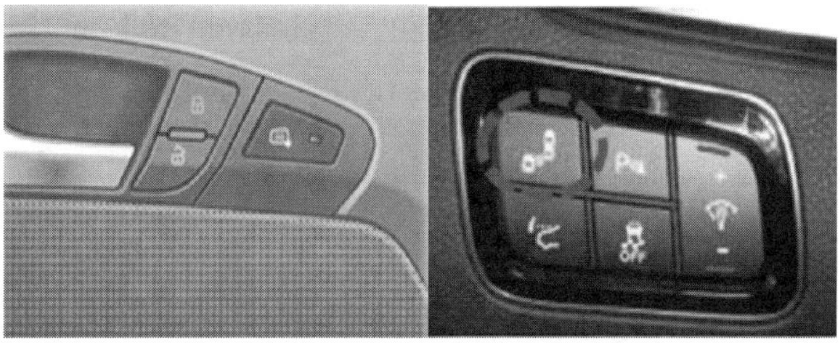

[그림 1-40] BSD작동스위치

LED에 조명이 들어온 경우 BSD작동스위치 켜진 것을 나타낸다. LED에 조명이 들어오지 않은 경우시스템이 꺼졌거나 고장인 경우이다.

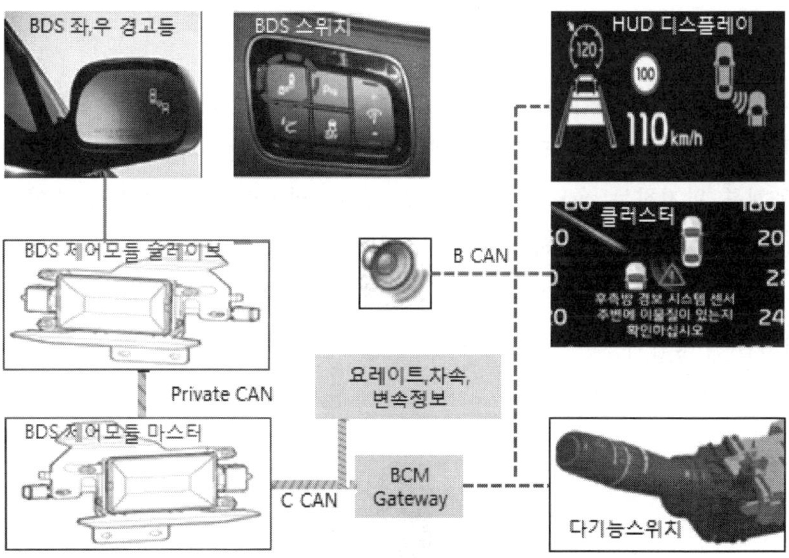

[그림 1-41] BSD 제어

5.5. 레이더(Radar) 통신의 구성

레이더는 Radio Detecting And Ranging의 약어로 무선 탐지와 거리측정의 기능을 한다. 레이더에서 송신하는 초고주파 신호가 물체에 반사되어 되돌아오는 신호를 처리하여 물체와의 거리, 각도, 속도 등을 알아낸다.

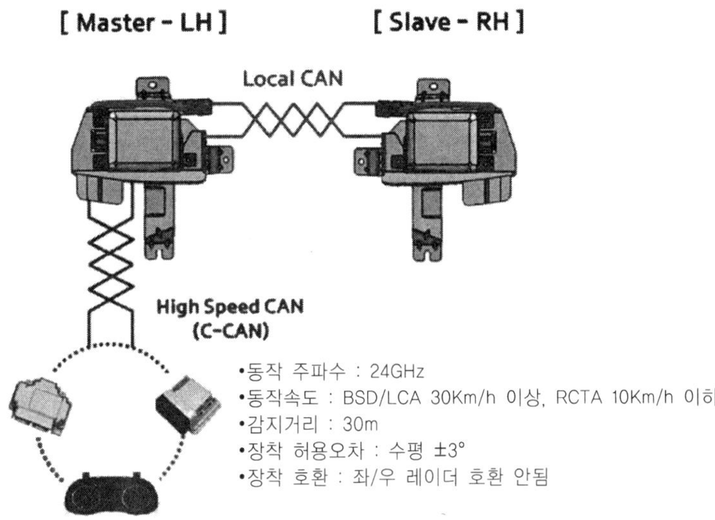

[그림 1-42]

또한 레이더 신호를 수신하는 제어기 내부 알고리즘을 통해 넓은 영역에서 감지되는 물체를 감지하여 제어에 필요한 영역으로 필터링 하는 기능을 가지고 있어 특정 위치의 물체를 탐지하는 용도로 활용할 수 있다. 레이더 탐지 범위는 레이더를 기준으로 140°이며, 제어에 활용하는 유효 감지거리는 30m이다. 레이더가 광대역의 신호를 수신하면 BSD 제어기 내부 알고리즘에 의해 제어에 필요한 영역으로 필터링 한 후 제어를 수행한다.

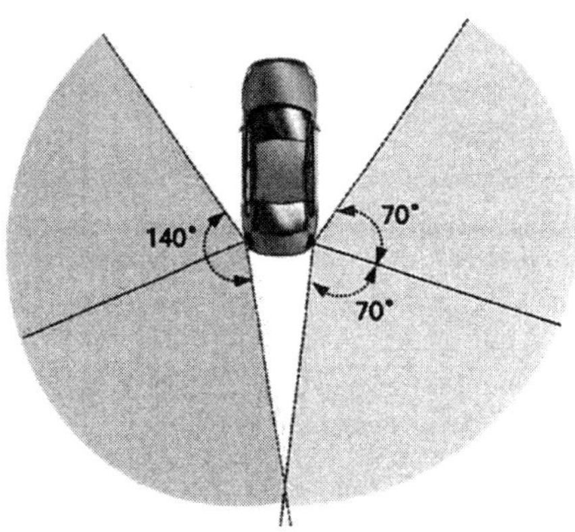

[그림 1-43] 레이더 탐지 범위

5.6. BSD의 제어기능

5.6.1. 시스템 작동 및 표시

조향핸들 우측에 적용된 BSD 스위치를 누르면 시스템 켜짐, 꺼짐이 반복되며 클러스터를 통해 현재 상태를 표시해준다. 이외에도 클러스터를 통해 몇 가지 정보를 제공하는데, 레이더 부위가 오염되어 신호 송·수신을 할 수 없을 경우 시스템이 해제되며 클러스터를 통해 경고한다. 또한 BSD시스템에 문제가 발생했을 때 시스템 점검표시를 10초간 출력 후 마스터 워닝 경고 상태로 진입한다.

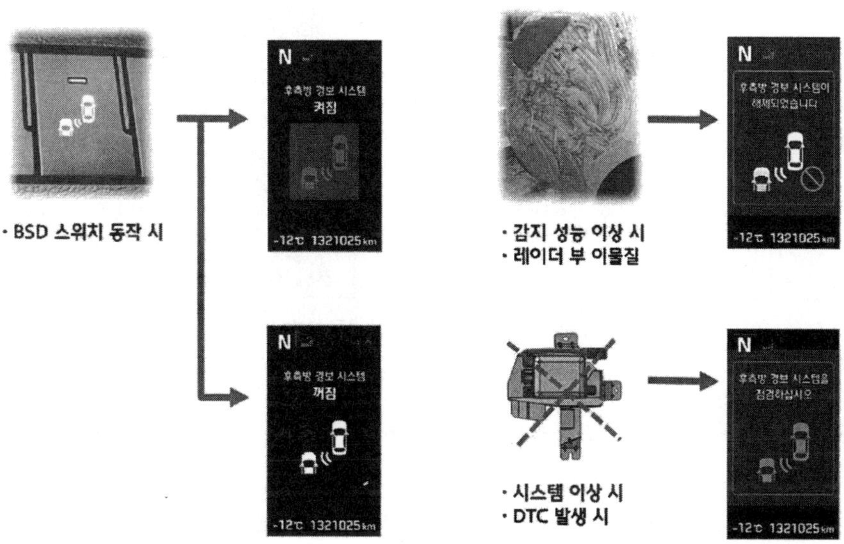

[그림 1-44]

5.6.2. BSD/LCA 동작 다이어그램

차량속도가 30Km/h를 넘으면 BSD 및 LCA기능이 활성화되어 경보제어를 시작한다. 사각지대의 범위는 아웃사이드 미러에서 상대 차량을 확인할 수 없는 자차의 'B' 필러부터 뒤 범퍼 6.3m 범위에 해당된다. 주행 중 사각지대에 상대 차량이 위치하거나 LCA범위(레이더 후방 30m 지점)에서 차량이 빠른 속도로 접근할 경우 아웃사이드 미러의 경보등을 점등하고, 이 때 차선변경을 시도할 경우 경보등 점멸 및 경보음을 발생하여 경고한다.

[표 1-12]

<table>
<tr><th></th><th colspan="2">BSD</th><th colspan="2">LCA</th></tr>
<tr><td>차량위치</td><td colspan="2"></td><td colspan="2">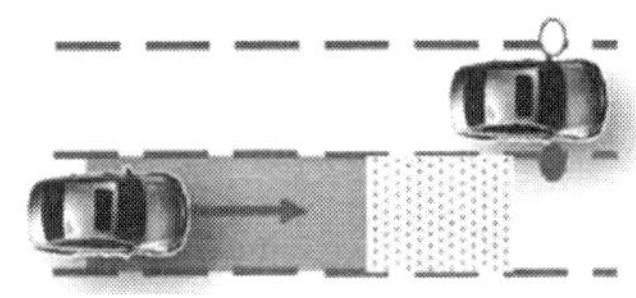</td></tr>
<tr><td>역할</td><td colspan="2">아웃사이드 미러의 사각지대에 존재하는 차량 감지 후 경보</td><td colspan="2">차선변경 시 후 측방에서 빠르게 접근하는 차량 감지 후 경보</td></tr>
<tr><td>경보 영역</td><td colspan="2">'B' 필러~범퍼 후방 6.3m</td><td colspan="2">BSD 영역 끝 ~ 70m</td></tr>
<tr><td rowspan="2">경보조건</td><td>1단계</td><td>- BSD 영역에 차량 존재 시
- LCA 영역에서 감지된 차량이 2.5초 이내에 자차 위치로 도달할 경우</td><td></td><td>경고등 점등</td></tr>
<tr><td>2단계</td><td>1단계 경보중 차선변경 시 (방향지시등 스위치 동작)</td><td></td><td>경고등 + 방향성경보</td></tr>
<tr><td rowspan="2">작동조건</td><td colspan="4">차량속도 30Km/h - 250Km/h 이하, 곡률반경 100m 이상</td></tr>
<tr><td colspan="4">시스템제어 중 발생하는 경보음은 클러스터의 USM기능을 통해 on/off 할 수 있다.</td></tr>
</table>

① BSD : Blind Spot Zone에 대상차량이 존재 시 경보가 발생한다.

② LCA : Closing Vehicle Zone에서 대상차량이 자차에 근접 시, TTC(TTC = 상대거리/상대속도)을 계산하여 4~5초 이내인 경우 경보가 발생한다. 즉, 현재 상대거리와 상대속도 기준으로 4~5초 이후에 대상차량이 자 차 위치로 오는 상황에 대해 경보한다. 그러므로 상대 속도에 따라 경보 위치가 상이하다.

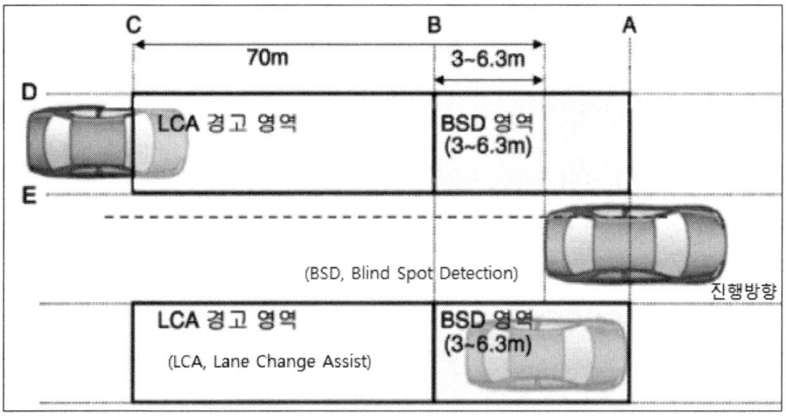

[그림 1-45] BSD 단계별 경보영역

5.6.3. BSD 경보 ON조건

[1] 경보 ON조건

① Target차량 전체가 line A후방에 위치한 경우

② Target차량 일부가 line B를 넘어선 경우

③ Target차량 일부가 line D를 넘어선 경우

④ Target차량 전체가 line E를 넘어선 경우

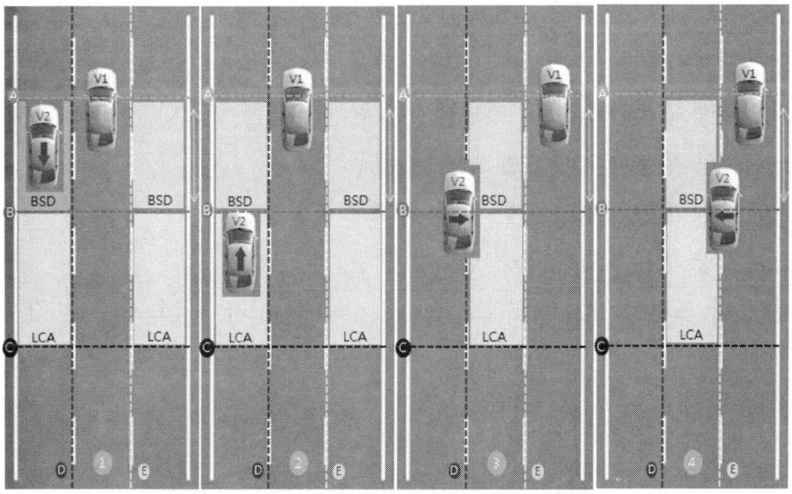

[그림 1-46] 후 측방 경보시스템(BSD) 경보 ON조건

[2] 경보 OFF조건

① Target차량 전체가 line A 전방으로 이동한 경우

② Target차량 전체가 line B 후방으로 이동한 경우

③ Target차량 전체가 line D를 넘어선 경우

④ Target차량 전체가 line E를 넘어선 경우

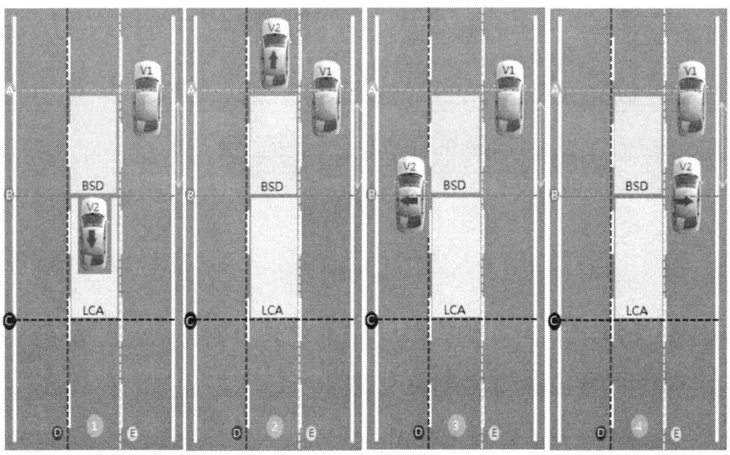

[그림 1-47] 후 측방 경보시스템(BSD) 경보 OFF조건

5.6.4. LCA 경보 ON조건(LCA, Lane Change Assist)

[1] LCA 경보 ON조건

① Target차량 전체가 line B 후방에 위치한 경우

② Target차량 일부가 line C를 넘어선 경우

③ Target차량 일부가 line D를 넘어선 경우

④ Target차량 전체가 line E를 넘어선 경우

⑤ 모든 상위 조건에 대하여 TTC(Time to Collision)가 4.5초 이내일 경우

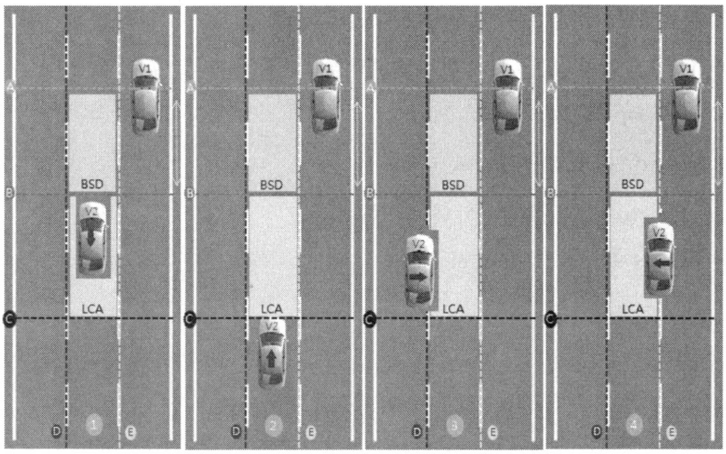

[그림 1-48] 후 측방 경보시스템(BSD) LCA경보 ON조건

[2] LCA경보 OFF조건

① Target차량 일부가 line B전방에 위치한 경우(BSD경보로 전환)

② Target차량 전체가 line C를 넘어선 경우

③ Target차량 전체가 line D를 넘어선 경우

④ Target차량 전체가 line E를 넘어선 경우

⑤ TTC(Time to Collision)가 4.5초 이상일 경우

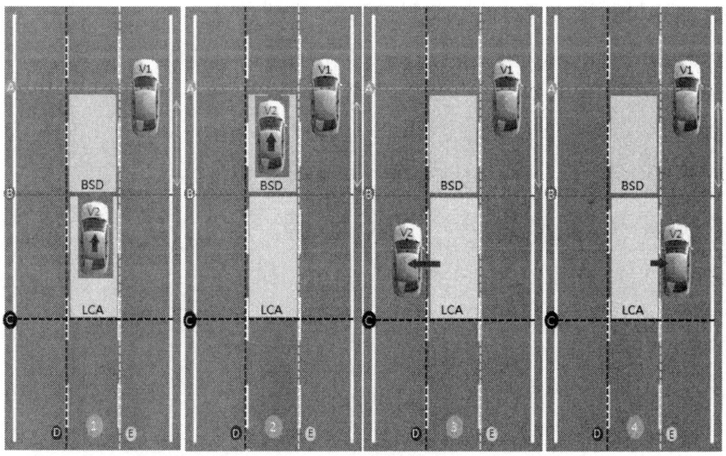

[그림 1-49] 후 측방 경보시스템(BSD) LCA경보 OFF조건

5.6.5. 후 측방 경보시스템(BSD, LCA)센서 활성화 조건

① BSD & LCA스위치 ON(스위치 LED를 통해 동작표시)인 경우

② 차속 : 15km/h 이상일 경우

③ 곡률반경 : 100m 이상일 경우

④ 상대차속 : -10~250km/h 이외의 경우

⑤ "-" 표시는 선행차량을 추월한 경우

5.6.6. 센서 비활성화 조건

① BSD & LCA스위치 OFF(스위치 LED를 통해 미동작 표시)인 경우

② 차속 : 10km/h 이하일 경우

③ 곡률 반경 : 70m 이하일 경우

④ 상대 차속 : -10~250km/h 이외의 경우

5.6.7. 시스템 제어금지

① 레이더 전면이 이물질로 가려진 경우 : 시스템상태 - Blockage 메시지 출력

② 뒷 범퍼 감지부가 눈, 진흙, 스티커 등의 이물질로 오염될 경우 센서 감지 성능저하가 발생한다.

③ 외부충격으로 레이더가 장착이 뒤틀어진 경우 : 고장코드가 발생한다.

④ BSD & LCA시스템 고장 시 : 고장코드가 발생한다.

⑤ 레이더 과열 : 시스템상태 - Over Temperature 메시지를 출력한다.

5.7. RCTA 동작

RCTA는 전방 주차 후 후진으로 차량이 출차할 때 후 측방에서 접근하여 충돌의 위험성이 있는 차량에 대하여 경보한다. 감지 및 경보범위는 레이더기준 50cm -20m(후방 6m) 범위로, 출차 시 측면에서 접근하는 차량을 경보한다.

	RCTA
차량위치	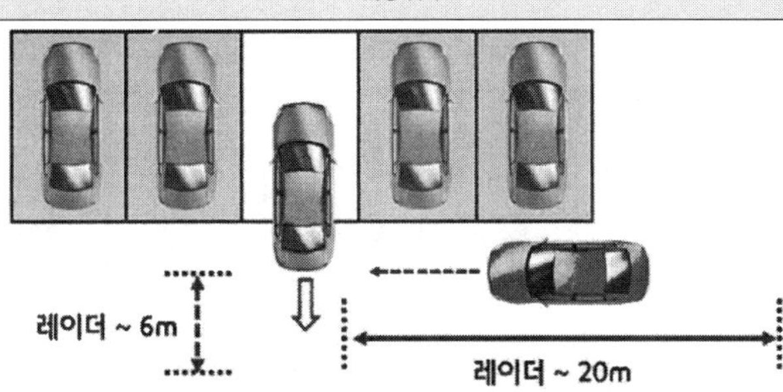
역 할	후방출차 시 측면에서 접근하는 차량 감지 후 경보
경보영역	레이더(0.5m) ~ 후 측방 20m / 후방 6m
경보조건	RCTA 영역에 감지된 차량이 2~3.5초 이내에 자차 위치로 도달할 경우

작동조건	차량속도 10Km/h 이하, 후진 신호 입력
	RCTA기능은 클러스터 USM기능을 통해 on/off 할 수 있다(on/off 시 경보등 3초간 점등됨).

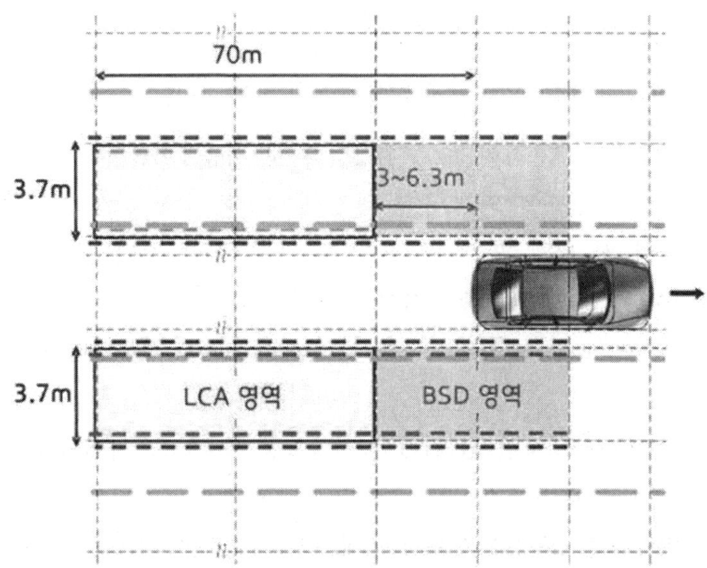

[그림 1-50] BSD/LCA 경보 영역 정리

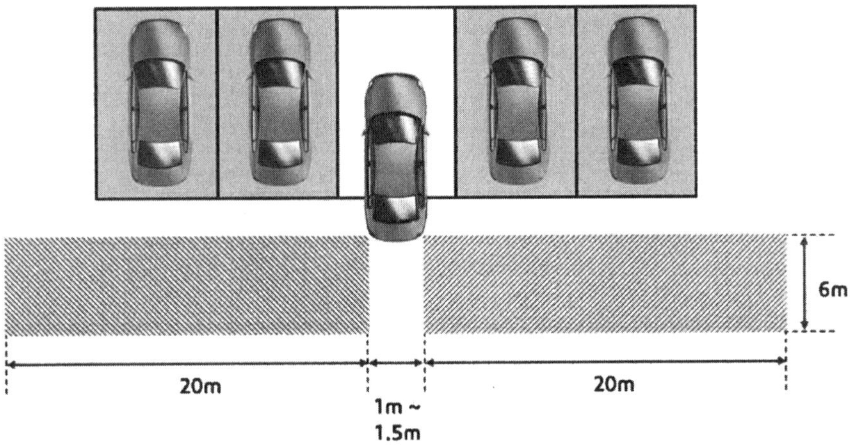

[그림 1-51] RCTA 경보 영역 정리

6 SBSD(Smart Blind Spot Detection) 후 측방충돌 회피 지원시스템

6.1. SBSD의 개요

SBSD는 동일한 조건에서 차선 변경시 ESC와 협조제어 제동하여 후방차량과 추돌을 좀 더 적극적으로 회피 지원하는 기능으로 SBSD는 후방 레이더(차량 근접)와 카메라 신호(차선변경)를 이용하여 사고 위험발생 시 제동제어를 하는 기능으로 후 측방차량과의 충돌위험 감소에 의한 주행 안전성 향상을 위해 차선변경 중, 사각지역 차량과의 충돌위험 시 ESC 편 제동기반의 횡 안전제어를 통한 충돌회피, 피해경감을 줄이는 기능이다. SBSD의 작동흐름은 아래와 같다.

① 자차속도가 60km/h 이상(180km/h 이하)에서 SBSD 작동영역에 차량 존재 감지한다.

② LDWS 카메라(양쪽 차선 감지)에서 진입차량 방향으로 차선이탈(차선변경) 감지한다.

③ 계기판 SBSD작동 표시와 함께 ESC와 협조제어(전륜 좌 또는 우측바퀴 제동) 실시하여 충돌회피 지원한다.

- BSD램프가 점등되어도 SBSD의 작동조건은 아닐 수 있다.

- 자차속도가 120km/h라면 60km/h 대비 작은 각도 변화에도 추돌이 예상되어 좀 더 적극적으로 작동한다.

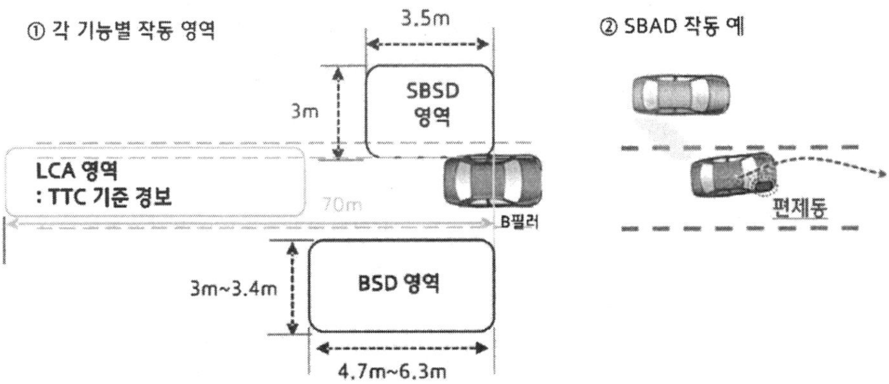

[그림 1-52]

6.2. 제어로직 및 작동

[표 1-13]

감지 센서	충돌위험 판단	액 션
 •차량 정보  차선	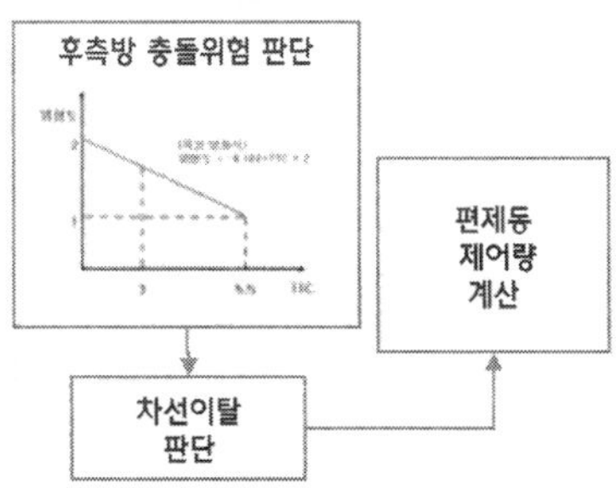	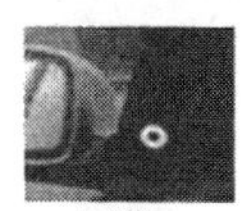 LED  ESC(편제동)

[표 1-14]

구 분	SBSD (Smart Blind Spot Detection/후 측방충돌 회피지원시스템)
주요 구성	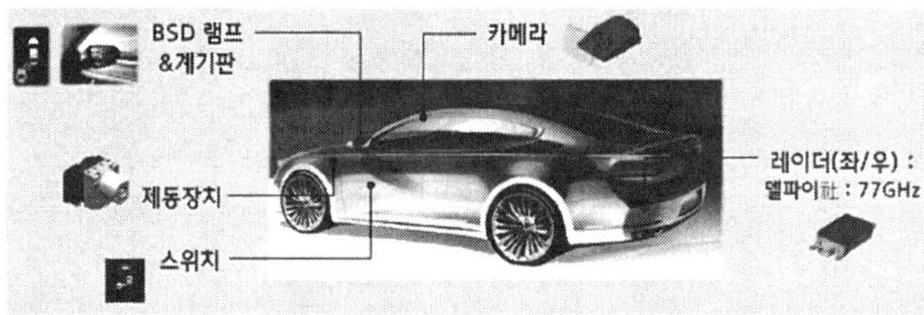
작동 조건	BSD스위치 ON, 60km/h 이상, 사각지대에 차량존재, 차선이탈 발생시
작동 흐름	후방레이더와 카메라(차선이탈)가 충돌위험을 판단하고 제동량을 계산하여 요청
고 장	SBSD고장(ESC→CAN, ESC 자체 고장, 카메라고장 발생시 BSD는 정상작동 된다(SBSD 경고등 별도 없음).

6.3. Smart BSD의 동작조건

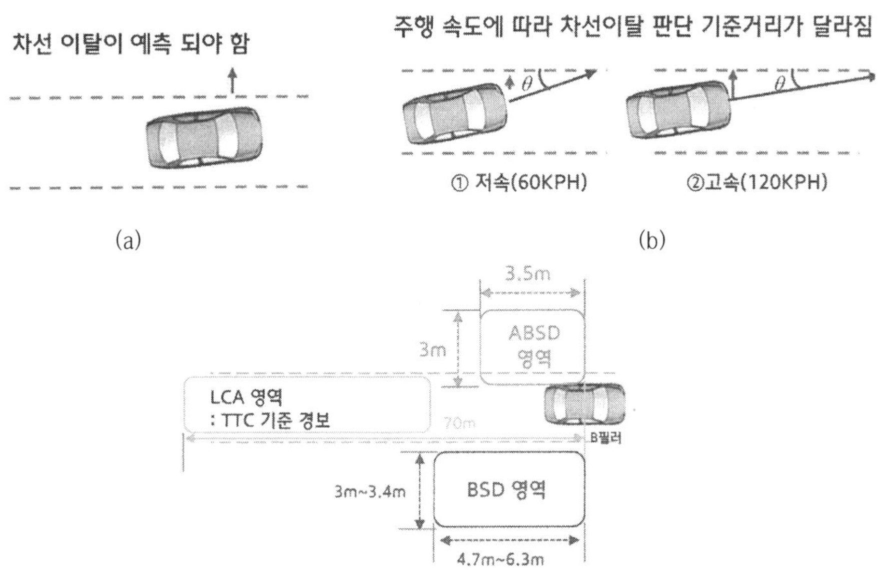

(c)

[그림 1-53]

6.4. SBSD기능과 구성

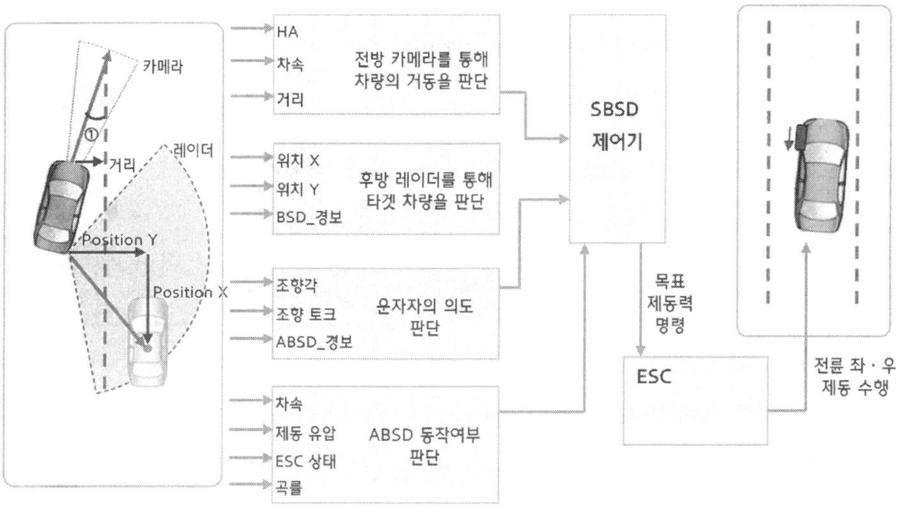

[그림 1-54]

6.5. SBSD 입 · 출력 요소

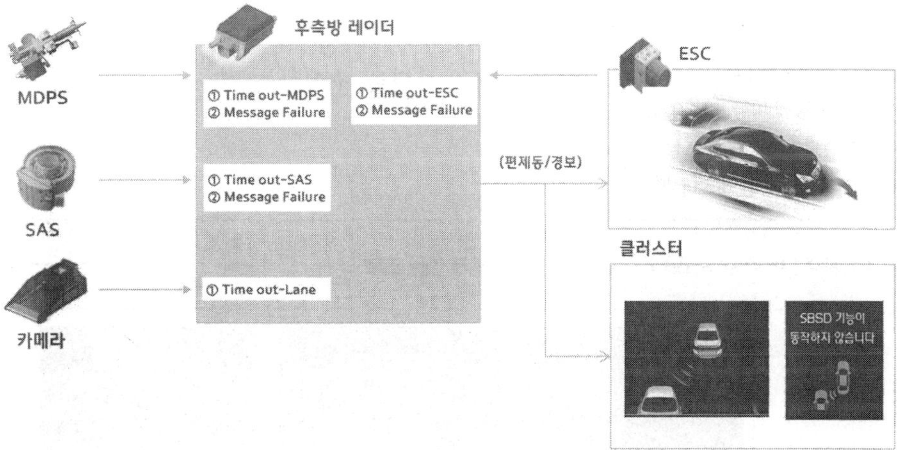

[그림 1-55]

6.6. 베리언트 코딩

레이더 교체 후 진단장비를 사용하여 배리언트 코딩 후 보정을 해야 한다.

6.6.1. SBSD 관련 참고사항

① 별도의 SBSD스위치는 없고 BSD스위치 ON시 작동한다.

② SBSD 작동 중 운전자가 제동시 작동은 해제 된다.

③ SBSD 영역에 차량 존재 상태에서 방향 지시등을 작동하고 차선변경 시 1회 편제동 및 경보 후 해제 → 운전자의지 반영

④ 기본적인 제동값은 0.2g이며, 자차속도에 따라 가변된다(차속 증가 시 제동압력은 감소 : 롤링방지).

⑤ 선회반경 100m 이상에서 작동(급선회 시 미 작동)

6.6.2. 비 작동 또는 오작동의 경우

① 레이더 주변부가 오염되었거나 눈, 비가 많이 올 경우

② 상대 차량의 속도가 너무 빨라서 짧은 시간에 자차를 추월하여 지나가는 경우

③ 브레이크를 튜닝한 경우

④ 타이어 공기압이 낮거나 파손된 경우

⑤ 눈길, 고인물, 결빙노면 등 미끄러운 노면을 주행하는 경우

6.7. SBSD 계기판 표시

구 분	시스템 고장발생	SBSD 작동시	
		우측	좌측
이미지	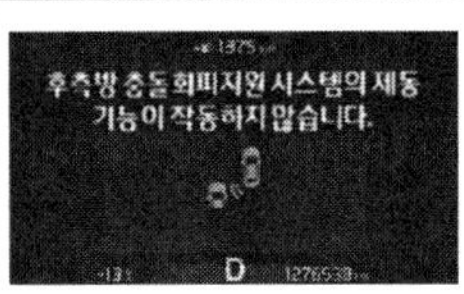	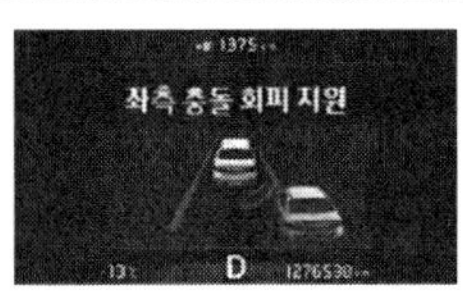	

6.8. SBSD 레이더 보정방법

자동 정렬실시(먼저 범퍼 또는 레이더 장착부위의 청결 및 변형이 없는지 확인필요)

① 소요시간 : 약 30분(20분에서 최대 60분 : 주행환경에 따라 차이)

② 주행속도 : 40km/h 이상

③ 도로환경 : 곡선이 없는 직선도로 및 아스콘 포장도로

④ 주변환경 : 가로등, 가드레일 등이 있는 도로

⑤ 기타 : 레이더 보정방법은 기존의 BSD시스템과 동일하다.

⑥ 레이더 보정 불가(C2702, C2703)관련 고장코드 점등시 : 범퍼의 장착상태, 범퍼 스킨의 변형과 레이더장착 브라켓의 변형 및 레이더의 너트 체결불량 등을 점검 한다.

7 ASCC(Advanced Smart Cruse Control)시스템

7.1. ASCC의 개요

ASCC(Advanced Smart Cruse Control)시스템은 앞 범퍼 안쪽에 위치한 레이더 센서를 이용하여 목표차량(내 차량과 일직선 상 앞에 감지되는 선행차량)과의 거리를 감지할 수 있고 가속페달이나 브레이크페달을 밟지 않아도 운전자가 설정한 차량 속도와 목표차량과 상대 거리를 자동으로 유지할 수 있는 편의기능이다. 또한 목표 차량이 정차한 경우 적절한 거리를 유지하면서 정차하고 출발하는 Stop & Go기능을 함께 제공한다.

ASCC시스템의 제어를 수행하기 위해서는 운전자의 의지를 입력받는 스위치와 도로상황을 모니터링하는 각종 센서들과 VDC장치, 엔진제어장치, 변속기제어장치, 전자식 주차 브레이크장치, Cluster 등으로 종합적인 제어를 수행한다.

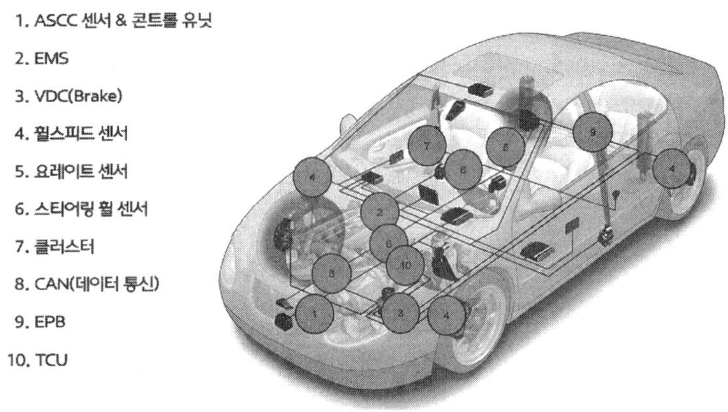

[그림 1-56]

(a) 목표차량이 있을 때 (b) 목표차량이 없을 때

[그림 1-57]

7.2. 제어시스템

ASCC시스템은 시동을 걸고 주행을 시작하면 레이더를 이용해 선행 차량을 감지하고 선행차량 중 목표차량 한대를 선정한 후 목표차량과 선행차량에 대한 정보를 지속해서 모니터링 한다. 이후 운전자가 스위치를 조작해 목표속도와 목표 차간거리를 설정하면 차간거리를 유지하면서 설정속도 이내에서 주행한다.

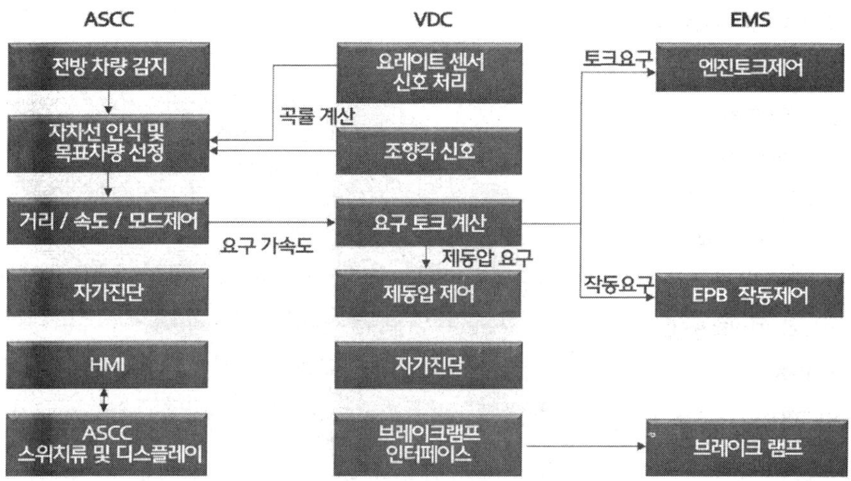

[그림 1-58] ASCC제어의 구성도

만약 목표차량이 가속하거나 감속을 하면 ASCC 모듈은 VDC에 가·감속정보를 보내고 VDC는 엔진 ECU에 가·감속정보를 보낸다. 엔진 ECU는 가속 시는 엔진 요구토크를 높여 차량속도를 올리고 감속 시에는 엔진토크를 낮추고 차량속도가 VDC가 요구하는 속도까지 낮아지는지 모니터링한다.

만약 차량속도가 낮아지지 않으면 VDC 내에 있는 유압모터를 구동해 제동제어를 하고 브레이크 램프 점등 신호를 출력한다. 목표차량을 따라 주행하던 중 목표차량이 정지하면 시스템 제어를 하여 자차는 목표 차간거리를 유지 후 정지하고 EPB에 주차브레이크 체결요구를 하고 출발 시 해제를 요구한다.

목표차량이 출발하면 따라 가속하기 시작한다. 출발 후 목표차량이 레이더에 감지되지 않으면 자차는 목표 설정속도로 주행한다. 만약 선행차량이 차속이 없는 상태(자차 주행 중 목표차량을 인식 못하고 주행했는데 전방에 정지된 차량이나 고정물체가 나타난 경우)로 감지되면 ASCC 시스템은 고정물체로 인식하기 때문에 제어 대상이 되지 않는다. 목표차량이 곡선도로를 주행하면 자차와 목표차량이 같은 차선에 있더라도 목표차량을 오 인지 할 가능성이 크다. 그래서 도로 곡률에 따른 계산과 조향 각에 따른 보정을 하기 위해 요레이트 센서 신호값과 조향각을 연산해서 도로 곡률에 따른 보정을 한다.

ASCC시스템은 클러스터, VDC, ECU, TCU, EPB와 C-CAN통신 라인에 연결되어 각 제어기들의 정보를 공유하며 최적제어를 수행한다.

7.3. ASCC시스템의 구성

7.3.1. 주요제원

ASCC 레이더센서는 덴소제품으로 앞 범퍼 우측 안쪽에 장착되어 있다. 레이더 모듈 내부에는 송신부와 수신부로 나누어져 있고 송신부는 원거리(좌·우 20°), 중거리(좌·우 36°), 근거리(좌·우 64°) 3개 영역으로 나누어져 77GHz 전파를 송신한다.

송신된 전파는 물체에 반사되어 수신 레이더로 다시 되돌아와 감지된 물체의 상대속도를 알아 거리를 계산하고 레이더 감지영역에 있는 모든 물체를 모니터링 한다. 이때 여러 개의 물체 중 고정 물체인지 유동인지 구분하고 같은 차선에 있는 유동물체 하나를 목표차량으로 선정한다.

[표 1-15]

구 분	사 양
좌·우 각	원거리 : 10° 중거리 : 18° 근거리 : 32°(한 방향)
상·하 각	4°
인식 가능거리	원거리 : 2~180m 중거리 : 2~80m 근거리 : 2~9m
거리 정확도	±(5% + 0.25)m(원거리 기준)

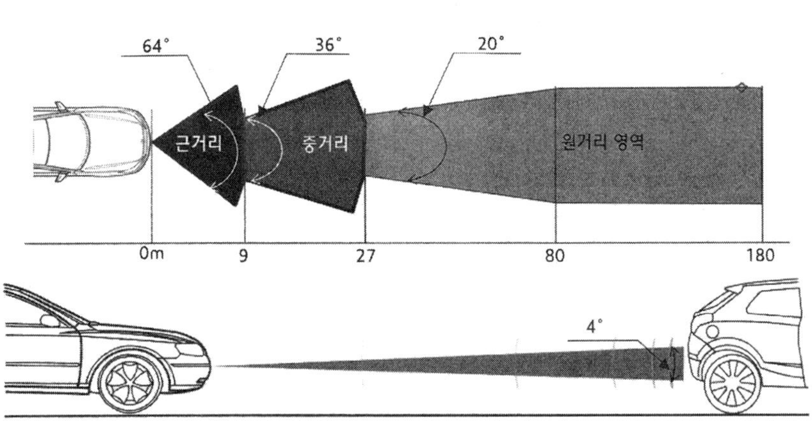

[그림 1-59] ASCC 레이더 감지영역

7.3.2. 시스템 제어 흐름도

[1] 제어 흐름도

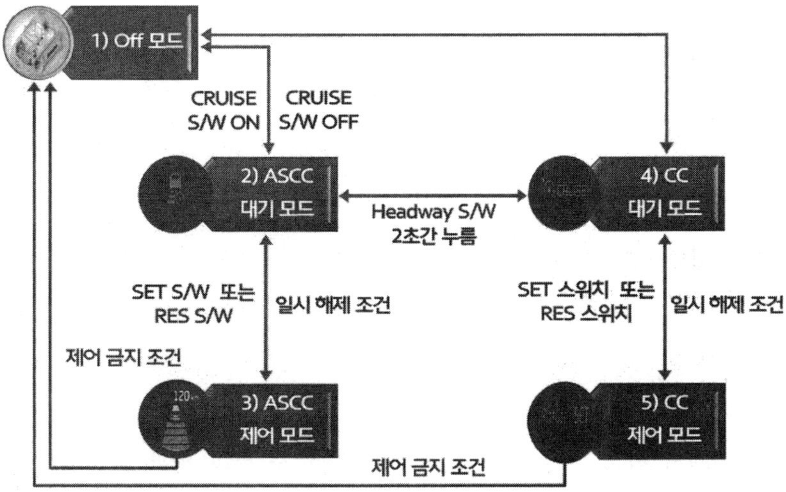

[그림 1-60] ASCC시스템 동작 흐름도

(1) OFF모드

시스템이 정상적일 때 시동을 걸고 CRUIES S/W를 누르지 않고 주행할 때 ACC 대기모드 상태에서 CRUISE S/W 눌러 OFF하면 OFF모드로 전환된다.

(2) ASCC 대기모드

OFF모드에서 CREUISE S/W 눌러 ON할 때 ASCC 제어모드를 진입하여 주행하던 중 제어 해제 조건일 때 제어 대기모드로 진입한다.

(3) ASCC 제어모드

ASCC 대기모드에서 30~180km/h 주행 중 SET S/W 또는 RES S/W를 누르면 계기판에는 차선 모양의 이미지가 설정 차간거리 단계가 표시되면서 ASCC 제어모드가 작동됨을 알린다.

(4) CC 대기모드

ASCC 대기모드에서 Headway S/W를 2초 이상 눌렀다가 놓으면 CC 대기모드(정속주행 대기)로 진입한다.

-CC 제어모드에서 제어 해제조건일 때 CC 대기모드로 전환한다.

(5) CC모드

CC 대기모드에서 30~80km/h 주행 중 SET S/W 또는 RES S/W를 누르면 정속주행 상태로 진입한다.

[2] 동작제어모드

(1) 일반 제어

30~180km/h에서 속도, 거리제어를 모두 수행할 수 있고 목표 속도는 30km/h 미만으로 설정할 수 없다.

(2) 정지 제어

선행 목표차량이 정지하면 일정거리 뒤에 정차하고 3초 이내 출발 시 자동출발을 한다. 만약 3초 이상 정지 후 재출발 시 가속페달을 밟거나 RES/SET스위치를 조작하여 출발한다. 5분 이상 정차 시 EPB가 체결되고 ASCC제어는 대기모드 전환된다.

(3) 오버라이드 제어

ASCC 제어 중 운전자가 가속페달을 밟으면 운전자의 의지를 우선시하여 목표속도가 점멸하며 가속을 한다. 이후 가속페달에서 놓으면 목표속도로 서서히 감속한다.

(4) 추월지원 제어

ASCC제어(2~4 단계) 중 운전자가 좌측 방향지시등을 조작하면 차간거리 간격을 1단계로 좁히기 위해 목표설정 속도 이내에서 서서히 가속하여 추월을 지원한다.

(5) 시스템 제어금지

운전자가 CRUISE S/W를 눌러 제어해제 하거나 또는 시스템 이상으로 제어해제 조건일 때 시스템 제어를 금지한다.

(6) ASCC 동작 중 위험상황 발생 시

저속제어(30km/h 미만) 중 목표 선행차량이 경로를 벗어나 새로 추종할 차량이 감지되지 않으면 경고화면과 경고음을 발생한다. 또한 선행차량이 급감속하여 규정된 최대 감속도로 제동하여도 충돌이 불가피한 경우 차량표시와 설정거리 표시가 점멸하고 경고음을 발생한다.

[3] 제어금지 및 해제조건

[표 1-16]

순위	일시 해제조건	해제 및 제어 금지조건
1	브레이크페달 동작 시	Cruise Off버튼 누를 시
2	Cancle버튼 누를시	ASCC시스템 고장 시
3	차량 도어 열림시	레이더 과열 시
4	차속 180Km/h 이상 시	레이더 오염 시
5	가속페달을 300초 이상 밟을 시	기타 제어기 고장시
6	ABS, TCS, VDC동작 시	
7	기어위치가 D&매뉴얼 모드 이외 시	
8	주차 브레이크작동 시	

CHAPTER 02

Driving safety device Convenience device System

에어백시스템

1 에어백시스템

1.1. 에어백시스템의 개요

에어백시스템은 상해로부터 직접적으로 승객을 보호하는 장치로서 사고발생 시 차량에 장착된 프리텐셔너가 안전벨트를 되감아 승객을 시트에 고정하고 전방과 사이드 등 차량에 장착되어 있는 에어백이 부풀어 올라 사고방향으로 강한 힘을 받아 이동하는 승객이 입는 충격을 저감하기 위한 장치를 에어백시스템이라 한다.

[그림 2-1] 에어백시스템

에어백시스템은 차량 충돌시 운전석 및 조수석에 장치되어 있는 에어백을 작동시켜 운전자 및 조수석에 앉은 승객을 부상으로부터 보호하기 위한 보조 안전장치(Supplemental Restraint System ; SRS)이다.

에어백시스템은 승객의 안전을 더욱 향상시키는 방향으로 발전되어왔다. 먼저 최초로 적용된 Full power 에어백은 성인 남성을 기준으로 안전을 확보할 수 있는 장치로 개발되었으며 이후 에어백 팽창압력을 낮추어 여성 및 왜소한 승객도 보호할 수 있는 Depowered 에어백이 적용되어 현재까지 사용되고 있으며 이 두 방식은 인플레이터의 점화회로가 하나인 Single Stage로 구성되어있다. 현재에는 센서기술의 발달로 인해 애어백의 팽창압력을 2단계로 조절할 수 있는 Smart 에어백이 적용되고 있으며 사고 시 충돌의 크기에 따라 에어백의 팽창압력을 조절하여 승객의 안전을 향상시키고 있다.

최근에는 동승석에 유아 탑승 또는 유아시트가 설치될 경우 에어백 전개를 억제하기 위해 승객을 구분하여 동승석 에어백 전개를 제어하는 Advanced 에어백이 적용되고 있다. 이는 이전에 적용되었던 Smart 에어백에 승객구분 장치를 추가하였다.

1.2. 에어백시스템의 작동

에어백의 작동은 자동차를 운행하기 위한 정상적인 작동시 별도의 에어백 스위치 작동 없이 에어백시스템 컨트롤모듈은 전원이 입력되면 에어백시스템의 이상 유무를 감지하여 에어백 경고등을 점등시킨다. 에어백시스템이 정상일 경우에는 에어백 경고등이 6초간 점등되었다가 소등된다. 에어백시스템에 이상이 있을 경우에는 6초간 점등되었다가 1초간 소등된 후 계속 점등된다.

에어백의 작동은 차량충돌 시 충돌감지 센서가 감속도를 검출하여 충돌이 일어났음을 감지하고 동시에 세이핑센서(안전센서)도 충격이 일어난 방향과 힘을 감지하여 에어백 컨트롤 유닛으로 전송하면 에어백 컨트롤 유닛의 출력 제어회로에서는 입력된 전기신호를 판단하여 인플레이터(기폭장치)쪽으로 폭발신호를 출력하게 된다. 또한 에어백시스템 컨트롤 모듈(SRSCM : Supplemental Restraint System Control Module)은 에어백 모듈과 시트벨트 프리텐셔너의 전개 여부와 전개시기를 결정하는 역할을 한다.

그리고 에어백 모듈이나 시트 벨트 프리텐셔너의 전개 시점에서 전개에 필요한 전원을 모듈 점화장치에 공급하며, 에어백시스템의 자기진단 기능도 수행한다.

1.3. 에어백시스템의 구성

SRS 에어백은 운전석 에어백 모듈, 조수석 에어백 모듈, 운전석 및 조수석 벨트 프리텐셔너, 운전석 및 조수석 좌우에 위치한 측면 에어백 및 커튼 에어백 승객의 무릎보호를 위한 무릎 에어백과 이런 여러 종류의 에어백을 제어하는 플로워 콘솔 박스 하단에 위치한 에어백시스템 컨트롤 모듈(SRSCM), 스티어링 컬럼에 위치한 클럭스프링, 정면충돌을 감지하는 정면 충돌센서, 측면충돌을 감지하는 측면 충돌센서, 계기판에 위치한 에어백 경고등 및 에어백시스템 와이어링으로 구성되어 있다.

1.3.1. 운전석 에어백(Drive Air Bag)

운전석 에어백은 인플레이터의 가스에 의해 팽창되고 그 후 충격력에 의해 운전자가 에어백에 부딪히면 백의 배출 공에서 가스를 배출하여 충격을 완화하는 역할을 한다.

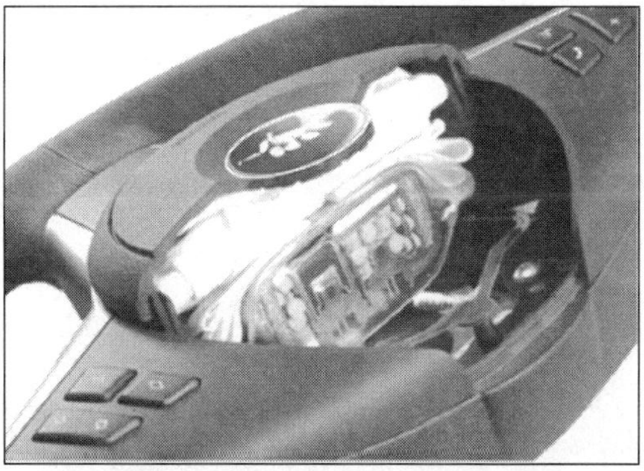

[그림 2-2] 운전석 에어백(Drive Air Bag)

1.3.2. 승객석 에어백(Passenger Air Bag)

승객석 에어백은 승객석에 승객이 탑승하였을 때 승객을 보호하기 위한 에어백이다.

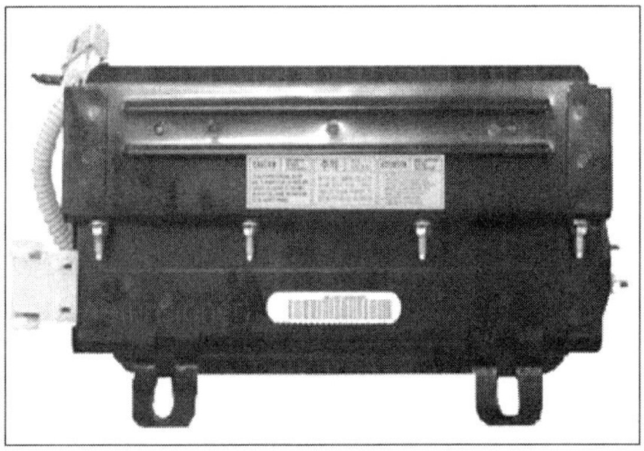

[그림 2-3] 승객석 에어백(Passenger Air Bag)

승객의 탑승여부와(Passenger Presence Detection system : PPD) 승객의 체중을 감지하는 센서를 별도로 장착하여 충격시 팽창강도와 에어백 전개여부가 에어백컨트롤 모듈에서 결정한 내용에 따라 전개와 팽창이 이루어진다. 승객 감지센서는 승객석 시트에 설치된다.

1.3.3. 커튼 에어백 & 사이드에어백(Curtain & Side Air Bag)

커튼 에어백은 차량의 측면충돌 시 탑승객들을 보호하기 위해 설치된다. 측면충돌 시 유리창의 파편이나 차량 전복 시 이물질로부터 승객을 보호한다.

[그림 2-4] 커튼 & 사이드에어백(Curtain & Side Air Bag)

설치위치로는 차량측면 A필러 부위와 A-B-C필러 측면 루프에 걸쳐 설치되며 C 필러루프에서 트렁크 쪽으로 길게 펼쳐지면서 전개되도록 설치되어 있다. 사이드에어백은 좌우, 앞뒤 시트의 등받이 부위 측면에 장착이 되며 측면충돌시 등받이 시트의 측면이 전계되면서 팽창하도록 설치된다.

1.3.4. 벨트 프리텐셔너(Pretensioner)

시트벨트 프리텐셔너(BPT : Seat Belt Pretensioner)는 좌우측 센터 필라 하단부에 장착되어 있으며 차량이 충돌 시 에어백이 작동하기 전 프리텐셔너를 작동시켜 안전벨트의 느슨한 부분을 되감아 운전석 및 조수석 승객의 몸이 앞으로 쏠려서 차량의 실내 부품들에 부딪치는 것을 방지하는 역할을 한다. 시트벨트 버클에 안전벨트를 체결을 감지하는 스위치가 부착되어 있으며 안전벨트 착용여부에 따라 작동이 결정된다.

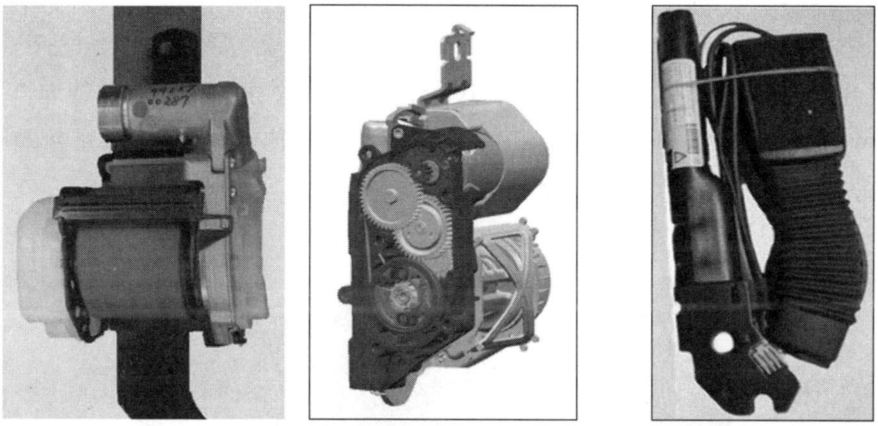

(a) (b) (c)

[그림 2-5] 벨트 프리텐셔너(Pretensioner)

1.3.5. 전방 충돌 감지센서(Front Impact Sensor)

차량 전면의 충돌을 감지하는 센서로 차량의 엔진 룸에 장착되는 타입과 에어백 제어장치에 내장이 되어 있는 타입이 있다. 전방 충돌센서(FIS : Front Impact Sensor)는 엔진룸 좌우측 프런트 앤드모듈 안쪽에 각각 1개씩 장착되어 있다.

[그림 2-6] 전방 충돌 감지센서(Front Impact Sensor)

정면 충돌발생 시 에어백시스템 컨트롤 모듈(SRSCM)은 정면 충돌센서 신호를 이용하여 운전석 에어백, 조수석 에어백, 시트벨트 프리텐셔너의 전개 여부와 전개시기를 결정한다.

1.3.6. 측면 충돌 감지센서(Side Impact Sensor)

측면 충돌 감지센서(SIS : Side Impact Sensor)는 좌우측 센터 필라 하단부와 좌우측 리어 필라 부근에 각각 1개씩 장착되어 있다. 측면 충돌발생 시 충돌의 크기를 감지하여 에어백시스템 컨트롤 모듈(SRSCM)은 측면 충돌센서 신호를 이용하여 측면 에어백의 전개 여부와 전개시기를 결정한다.

[그림 2-7] 측면 충돌 감지센서(Side Impact Sensor)

1.3.7. 승객유무 감지센서(Passenger Presence Detect)

PPD센서는 조수석의 승객 탑승 유무를 판단하여 에어백 제어장치로 데이터를 송신한다. 조수석에 승객이 탑승 유무와 중량을 인지하여 정상적인 전개와 전개 강도를 약하게 하거나 미 탑승 시 비 전개하는 데이터를 송신하는 것이다.

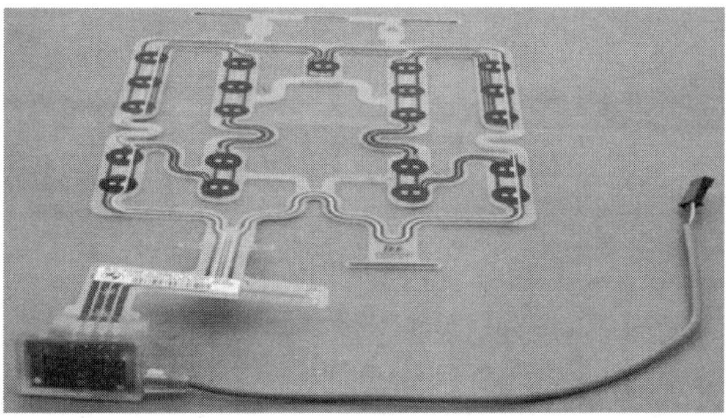

[그림 2-8] 승객 유무 감지센서(Passenger Presence Detect)

1.3.8. 에어백 제어장치(Air Bag Control Unit)

에어백시스템 컨트롤 모듈(SRSCM : Supplemental Restraint System Control Module)은 에어백 모듈과 시트벨트 프리텐셔너의 전개 여부와 전개시기를 결정하는 역할을 한다. 그리고 에어백 모듈이나 시트벨트 프리텐셔너의 전개 시점에서 전개에 필요한 전원을 모듈 점화장치에 공급하며, 에어백시스템의 자기진단 기능도 수행한다.

[그림 2-9] 에어백 제어장치(Air Bag Control Unit)

1.4. 에어백시스템의 변화

[표 2-1]

에어백 명칭	에어백 구성 및 기능	적용 시기
Full Power Airbag	-에어백 의무 장착 이전까지 법규를 만족하는 에어백을 명명함 -인플레이터 : Single Stage	1991~1996 엘란트라 이후
Depowered Airbag	-충돌 시 에어백 팽창압력에 의한 상해 감소목적 -Full Power Airbag 대비압력을 약 20~35% 낮추도록 법규를 수정하고, 이를 만족하는 에어백을 명명함 -인플레이터 : Single Stage	1997 ~ 올뉴 아반떼 이후
Smart Airbag	-Depower Airbag대비 진보된 에어백 의미 -충돌크기에 따라 에어백을 2단계로 점화하여 에어백의 압력을 조절할 수 있어 탑승객 보호에 유리 -모두 점화 시 Depowered Airbag의 압력유지 -인플레이터 Dual Stage	- 2007 ~ - 제네시스 이후
Advanced Airbag	-기본적인 구성은 Smart Airbag과 동일하다. -승객 구분센서 적용(유아시트 및 어린이 안전) -액티브 벤트 적용에 따라 동승석 버클센서 적용	2003(북미) 2015.03 ~

2 스마트 에어백

2.1. 주요기능

에어백시스템은 승객을 상해로부터 보호하는 장치로 사고발생시 차량에 장착된 프리텐셔너가 안전벨트를 되감아 승객을 시트에 고정하고 전방 또는 측면 에어백이 부풀어 올라 사고방향으로 강한 힘을 받아 이동하는 승객이 입는 충격을 저감하기 위한 장치이다. 또한 2g & Yaw 센서를 내장하고 있어 별도의 CAN 통신라인을 통해 VDC 모듈로 센서 신호를 전송한다.

에어백시스템이 풀 옵션으로 구성될 경우 [DAB + PAB + DKAB + SAB(2개) + CAB(2개) + EFD(2개)]로 구성된다.

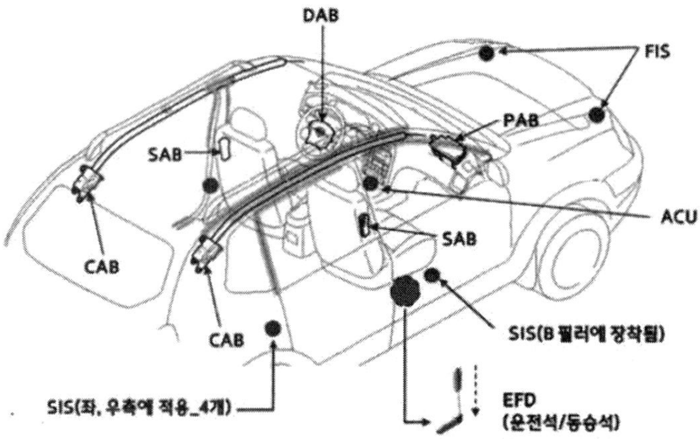

[그림 2-10]

[표 2-2]

명 칭	약 어	명 칭	약 어
운전석에어백	DAB(Drive Air Bag)	무릎 에어백	DKAB(Drive Knee Air Bag)
동승석에어백	PAB(Passenger Air Bag)	전방충돌센서	FIS(Front Impact Sensor)
커튼 에어백	CAB(Curtain Air Bag)	측면충돌센서	SIS(Side Impact Sensor)
프리텐셔너	PT(Pre tensioner)	CLR	Convertible Locking Retractor
EFD	Emergency Fastening Device의 약자로 과거 앵커 프리텐셔너의 새로운 명칭임		

[표 2-3]

명 칭	약 어	작동 및 역할
운전석 에어백	DAB(Drive Air Bag)	-정면충돌 발생 시 동작(2단계 팽창압력 제어) -운전자 상체보호
동승석 에어백	PAB(Passenger Air Bag)	-정면충돌 발생 시 동작(2단계 팽창압력 제어) -동승석 승객 상체보호 -승객 탑승 유무에 따라 에어백 전개/미전개 결정
커튼 에어백	CAB(Curtain Air Bag)	-측면충돌 및 전복 시 동작(1단계 팽창압력) -탑승자의 머리보호(전복 시 차량 이탈 방지)

명 칭	약 어	작동 및 역할
무릎 에어백	DKAB(Drive Knee Air Bag)	-정면충돌 발생 시 동작(1단계 팽창압력) -운전자 무릎(하체) 보호
측면 에어백	FSAB(Fornt Side Air Bag) RSAB(Rear Side Ait Bag)	-측면충돌 및 전복 시 동작(1단계 팽창압력) -탑승자의 어깨와 머리 일부 보호 -중・대명 이하는 RSAB 미적용
프리 텐셔너	PT(Pre tensioner)	-정면충돌 발생 시 동작(운전석, 동승석 적용) -가슴부위의 벨트를 되감아 승객을 시트에 고정 -동작 이후 로드리미터에 의해 안전벨트 풀림
EFD	Emergency Fastening Device	-앵커 프리텐셔너의 새로운 이름 -PT와 동일한 조건에서 동작 -골반부위의 벨트를 당겨 승객의 하체를 시트에 고정
LRD	Low Risk Deployment	-PAB에만 적용됨(기계식 동작) -승객이 에어백에 근접해 있을 경우에 에어백 전개를 억제
전방 충돌센서	FIS(Front Impact Sensor)	-전방의 충돌을 감지하며 에어백의 보조신호 -전방 좌・우에 창착
측면 충돌센서	SIS(Side Impact Sensor)	-좌・우 'B 필러' 하단에 적용되어 측면충돌감지하며 측면충돌의 메인 신호로 사용 -중형 이하는 전방 2EA, 대형은 전・후방 4EA 적용
압력 센서	PSIS(Pressure SIS)	-좌・우 앞 도어에 적용 -사고 시 도어가 압축되어 내부압력이 상승되는 것을 감지 -SIS와 동일한 역할 수행
에어백 ECU	ACU(Air Bag Control Unit)	-내부 충돌센서와 SIS, PSIS, FIS 신호를 입력 받아 에어백 전개 로직 결정 -각종 에어백 및 PT, EFD 전개
CLR	Convertible Locking Retractor	유아시트 장착 시 벨트를 고정시키는 장치
승객 구별장치	ODS(Occupant Detection System	-동승석에 탑승한 승객을 성인, 유아, 유아시트로 구분 -센서 매트와 유닛으로 구성

3 ››› 어드밴스드 에어백의 구성

3.1. 어드밴스드 에어백의 개요

어드밴스드 에어백은 스마트 에어백시스템에 동승석 승객을 구분하는 '승객구분 장치'가 추가되어 동승석 에어백 전개를 제어하는 장치를 말한다. 또한 동승석 승객 탑승 유무에 따라 이를 표시하는 '동승석 에어백 Off표시등이 DATC 컨트롤 패널에 표시된다.

승객구분 정보는 동승석 에어백(PAB) 전개 제어에만 사용되며, 만일 동승석에 승객이 탑승하지 않은 상태로 사고가 발생할 경우 동승석 에어백(PAB)를 제외한 다른 에어백은 전개 조건에 따라 제어된다.

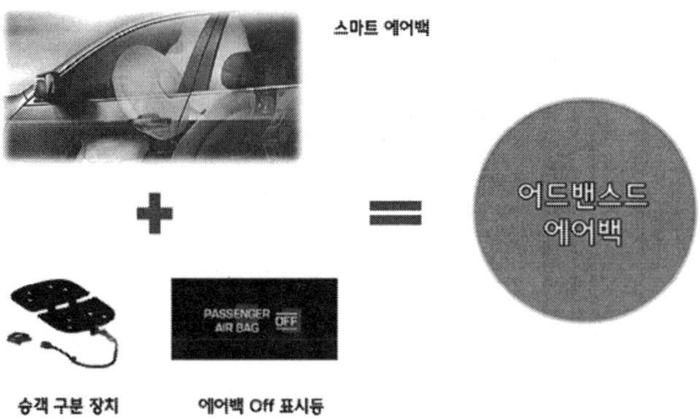

[그림 2-11]

3.1.1. 동승석 승객 표시등

동승석 에어백 표시등	
동승석에 탑승한 승객에 따라 표시등은 IGN On시 4초 점등 후 3초 소등 한 후 다음과 같이 동작된다. -승객이 있을 경우 : 표시등 소등 -승객이 없거나 유아 시트일 경우 : 표시등 점등	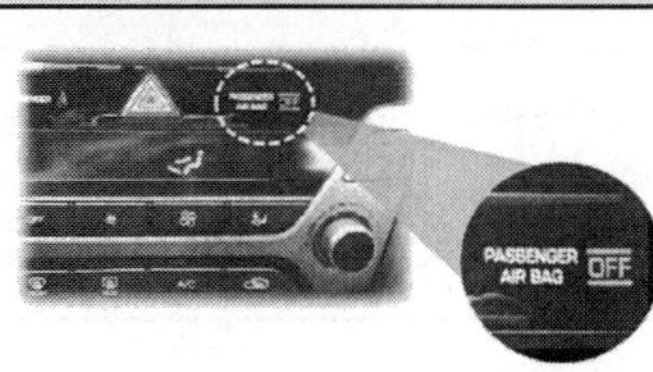
	DATC 컨트롤 패널 상단에 표시 적용 ACU 제어에 따라 점등 및 소등

3.1.2. 승객구분 센서 및 유닛

승객구분 센서는 시트 커버링과 열선 매트사이에 장착되며, 반드시 열선 매트 상단에 조립되어야 정확한 승객감지가 된다. 승객구분 유닛은 시트 쿠션 하단에 적용되어 교환이 용이하다.

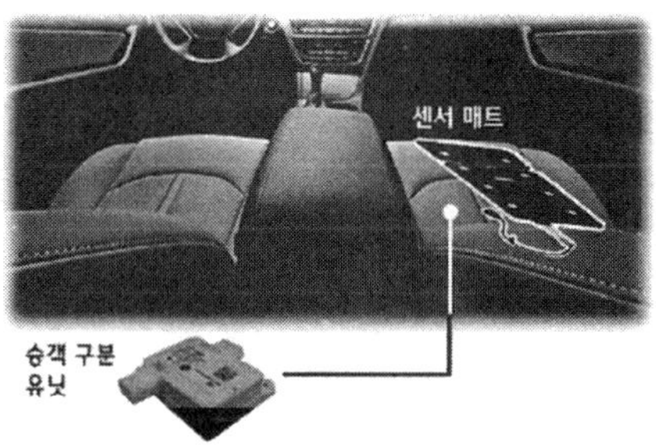

시트 쿠션 하단에 적용
(a) 승객구분 유닛

시트 커버링 하단에 적용
(b) 센서 매트

[그림 2-12] 승객구분 센서 및 유닛

3.2. 에어백 전개

3.2.1. 에어백 전개의 개요

차량에 충돌이 발생하면 ACU는 힘의 방향과 크기에 따라 어느 에어백을 어떤 시간에 점화할지를 결정하여 최적의 에어백 점화타이밍을 제어한다. 최적의 에어백작동 시점은 에어백이 100% 전개 후 압력이 빠지는(수축) 시점에 승객의 상체가 에어백에 안착되는 시기이다.

충돌감지	전개시작	100% 전개	에어백수축시작 및 승객안착	가스 배출후 종료
		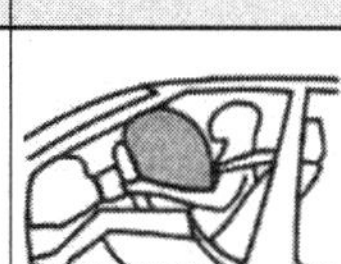	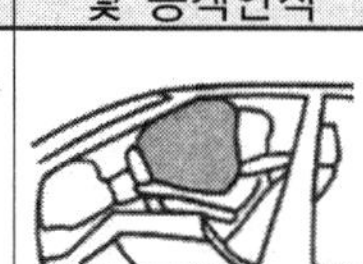	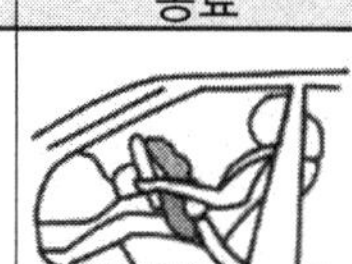

충돌부위에 따라 충격을 감지하는 센서의 역할에도 차이가 발생하는데, 정면충돌의 경우 충격의 전달경로가 길어 ACU 내부의 충돌센서를 주 신호로 사용하고, FIS는 저속충돌감지 및 보정을 위한 입력신호로 사용된다. 측면충돌의 경우에는 실내공간이 협소하기 때문에 SIS신호를 주 신호로 사용하고 ACU 내부 충돌센서는 보조적인 역할을 하여 에어백을 신속하게 점화하여 전개한다. 단 에어백 전개는 ACU 로직에 의해 결정된다.

[표 2-4]

충돌 부위	주 센서	보조센서	전개되는 에어백
정면충돌	ACU 내부 충돌센서	FIS	DAB, PAB, PT, EFD
측면충돌	SIS	ACU 내부 충돌센서	해당쪽 SAB, CAB
전복 시	롤 오버센서(ACU내부)		양쪽 SAB, CAB, PT

[표 2-5]

충돌발생	충돌감지	에어백 전개 로직 결정	에어백 전개
	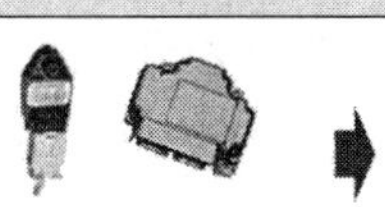	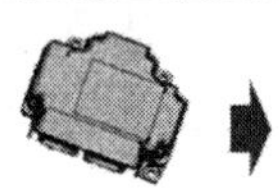	
정면충돌 측면충돌 전복	정면 충돌센서(FIS) 측면 충돌센서(SIS) 압력센서(PSIS) ACU 내부 충돌센서	에어백 전개결정(ACU) 프리텐셔너 전개결정	승객 보호

3.2.2. 동승석 에어백 전개(제어)

스마트 에어백의 경우 전방충돌이 발생하면 전방 에어백(DAB, PAB, KAB, PT, EFD)이 모두 전개하여 탑승객의 안전을 확보한다, 어드밴스드 에어백도 스마트 에어백과 동일하게 에어백을 제어하지만 동승석 에어백을 탑승한 승객에 따라 전개, 미 전개를 제어한다. 어드밴스드 에어백의 정면충돌 시 전개 순서는 다음과 같다.

① 동승석 승객 탑승.

② 승객구분 유닛이 동승석에 탑승한 승객의 정보를 실시간으로 ACU로 전달.

③ ACU는 승객정보에 따라 에어백 Off 표시등 제어.

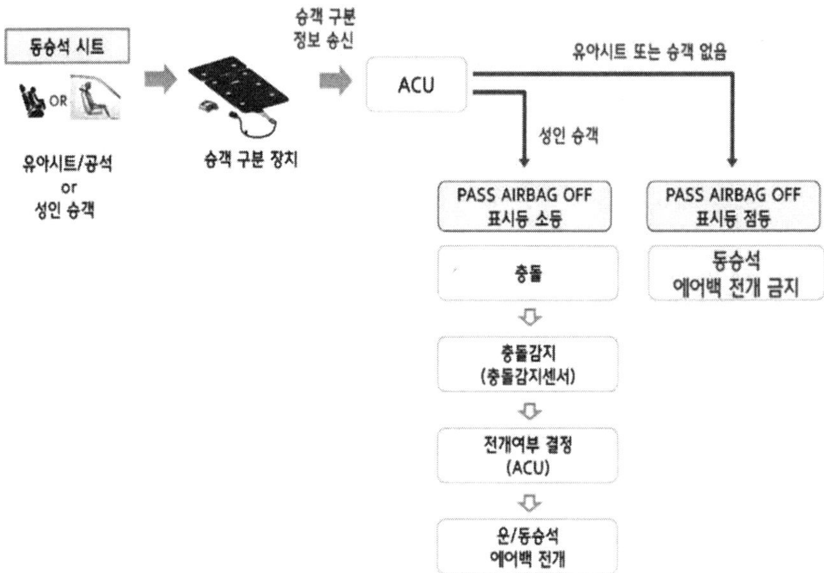

[그림 2-13]

④ 에어백 Off 표시등 점등 시 동승석 에어백 전개금지.

⑤ 에어백 Off 표시등 소등 시 충돌이 발생할 경우 전방 에어백 전개 및 안전장치 구동

⑥ 에어백 Off 표시등이 전등된 후 사고 발생시 PAB를 제외한 나머지 장치는 동작하여 승객의 안전을 확보한다.

3.3. 동승석 승객구분 장치의 구조

3.3.1. 개요

북미 법규(동승석 어린이 보호 법규) 만족하기 위해 적용하며 에어백 전개 시 유아(1세, 3세, 6세)에 대한 2차로 에어백에 의한 상해를 억제하고 동승석의 승객유형에 따라 2차 피해를 감소시켜 상해치를 만족시키기 위하여 승객구분 장치를 사용하여 에어백 전개를 억제시킨다.

3.3.2. 승객 식별장치의 구성

[1] 원리

동승석에 탑승한 승객의(시트 커버링 위의 물체) 유전율에 따라 변하는 센서의 정전용량으로 승객을 구분한다. 승객을 구분하는 센서 측정원리는 다음과 같다.

정전용량(C)= 유전율(ε) × 전극면 적합(A)(매트와 물체 엉덩이의 접촉면적)/전극간 거리(d)(매트와 물체 엉덩이거리)

(1) 유전율

물체가 전기를 머금을 수 있는 능력(물 : 80, 플라스틱류 : 2-3, 공기 : 1)

유전율이 일정할 경우 센서와 거리가 멀어질수록 정전용량이 작아지고, 접촉면적이 커질수록 정전용량이 커진다.

승객구분 센서	승객구분 유닛
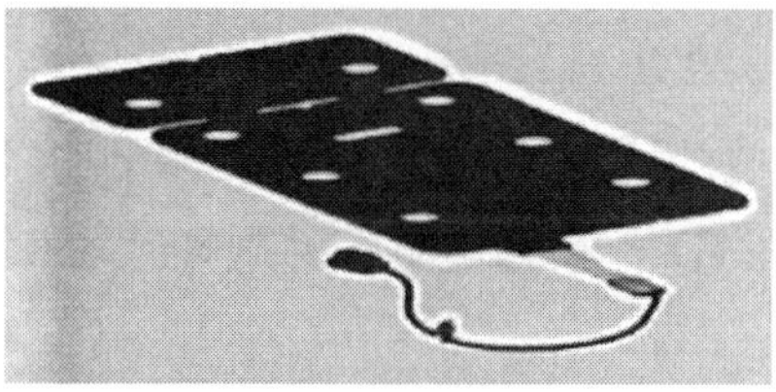	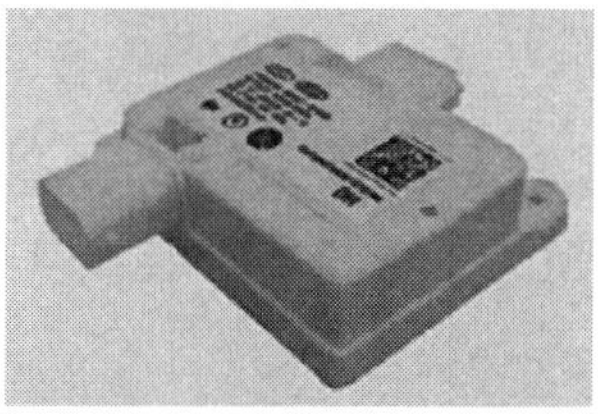
-승객의 엉덩이와 접촉 -승객에 따른 유전물의 변화 감지	센서에서 감지된 유전율을 기준으로 승객구분(성인, 유아, 유아시트로 구분) 구분된 탑승 정보를 ACU로 전송(CAN통신)

3.3.3. 동승석 승객구분 회로

① 승객구분 유닛은 C-CAN 및 IGN전원과 접지로 구성되며, 센서는 배선으로 감지한다.

② 감지된 승객구분 정보는 CAN통신을 통해 ACU 및 BCM으로 송신한다.

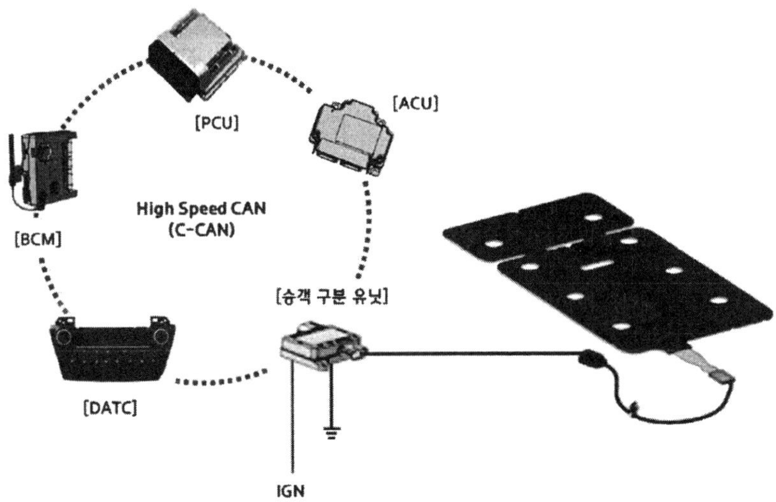

[그림 2-14]

3.3.4. 승객구분 정보

승객구분 유닛이 구분한 승객정보는 크게 3가지로 구분되며, 이 신호를 수신한 ACU는 로직에 따른 에어백 제어를 수행한다. 만일 승객구분 장치가 고장일 경우 동승석 에어백은 운전석 에어백과 동일한 조건에서 동작된다. 동승석 승객구분 정보는 ACU 외에 BCM으로도 전송되는데, 이는 안전벨트 제어(SBR)를 수행하는 요소로 사용된다.

① 동승석 안전벨트 경고(BCM제어) : 안전벨트 착용(SJB 감지) 및 승객 탑승 유무에 따라 경고.

[표 2-6]

	구분 1	구분 2	구분 3
조 건	-1세(10Kg 이하) 및 유아시트 설치 -승객 없음	-유아시트 미설치 -3세(15.4Kg 이하) -6세(23.4Kg 이하)	성인(49.4Kg 이상)
에어백 작동	-동승석 에어백 미 전개 -동승석 에어백 Off 표시등 점등	-승객 구분센서 조건 만족시 동승석 에어백 전개 -동승석 안전법규 만족 -저 위험 동승석 에어백(LRD)	-동승석 에어백 전개 -동승석 에어백 Off 표시등 소등

[표 2-7]

	조건	에어백 작동
구분 1	-1세(10Kg 이하) 및 유아시트 설치 -승객 없음	-동승석 에어백 미 전개 -동승석 에어백 Off 표시등 점등
구분 2	-유아시트 미설치 -3세(15.4Kg 이하) -6세(23.4Kg 이하)	-승객 구분센서 조건 만족 시 동승석 에어백 전개 -동승석 안전법규 만족 -저 위험 동승석 에어백(LRD)
구분 3	성인(49.4Kg 이상)	-동승석 에어백 전개 -동승석 에어백 Off표시등 소등

3.3.5. LRD(저 위험 전개 동승석) 에어백

LRD 에어백은 백의 팽창경로에 물체가 있을 경우 팽창압력을 외부로 배출하여 백의 압력을 감소시키는 안전장치이다. 승객구분 정보를 기준으로 승객이 없거나 유아일 경우 에어백이 전개되지 않는다.

하지만 유아 일지라도 승차자세 및 체형에 따라 승객구분 장치에서 승객 있음으로 인식할 경우 동승석 에어백은 전개된다. 이때 바른 자세로 착석해 있다면 문제가 없지만 그림과 같이 에어백에 근접해 있는 상태로 에어백이 전개된다면 오히려 상해를 입게 된다. 이때 에어백에 구성된 LRD 벤트가 기계적으로 동작하여 백의 압력을 외부로 배출하고, 승차자의 안전을 확보한다.

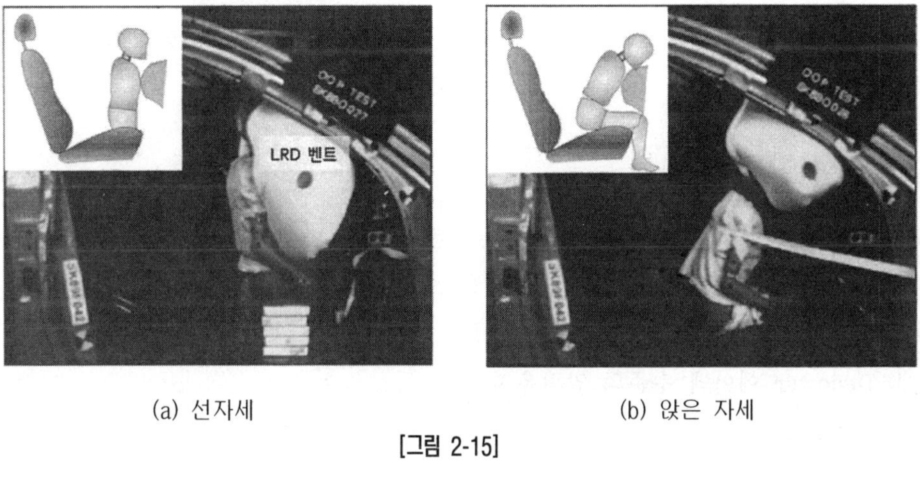

(a) 선자세 (b) 앉은 자세

[그림 2-15]

따라서 유아(3세, 6세)의 각각 선 자세와 앉은 자세에서 동승석 에어백을 전개하여 북미 법규에서 요구하는 상해치를 만족하기 위한 목적으로 적용한다. 저 위험 전개 동승석 에어백은 LRD벤트를 적용하여 에어백 전개 시 저 위험 에어백 전개를 수행한다.

3.3.6. LRD벤트의 구조

LRD벤트는 동승석에만 적용된다. 동승석 에어백 좌·우에는 일반적인 가스배출용 벤트와 LRD벤트가 적용되며, LRD벤트는 우측 그림처럼 항상 열려있는 상태로 조립된다. 동작 순서는 다음과 같다.

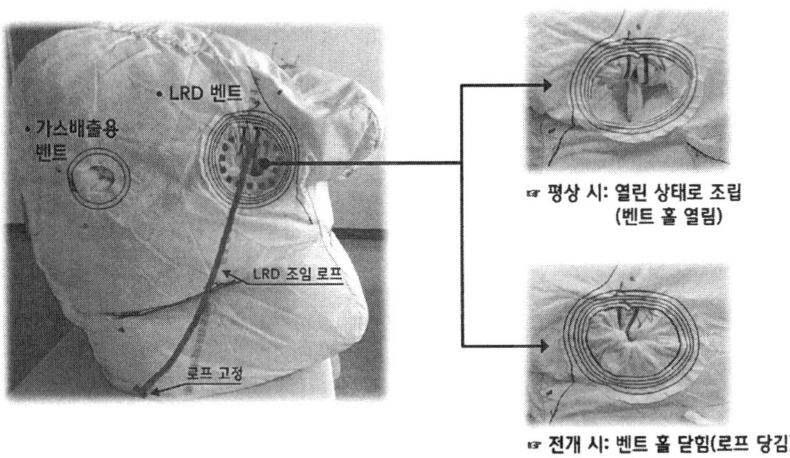

[그림 2-16]

[1] 정상동작

① 동승석 에어백 전개

② 에어백 팽창시작(백 내부의 압력상승)

③ 에어백이 팽창되며, LRD 로프를 당겨 벤트를 오므린다.

④ Depower 에어백 수준의 압력유지

⑤ 승객보호

[2] 에어백 팽창 경로에 물체(승객)위치 했을 때 동작

① 동승석 에어백 전개

② 에어백 팽창시작(백 내부의 압력상승)

③ 에어백의 팽창에 방해를 받아 LRD로프를 완전히 당길 수 없어 벤트가 열려있다.

④ 팽창가스 일부가 LRD벤트로 배출된다.

⑤ 에어백의 크기 및 팽창압력이 낮아져 에어백에 근접해 있는 승객보호

3.4. 서비스 데이터 및 초기화

3.4.1. 서비스 데이터(승객구분 유닛)

ACU 및 승객구분 유닛은 진단장비를 통해 서비스 데이터를 확인할 수 있다. 승객구분 유닛의 데이터 내용으로는 다음과 같다.

[표 2-8] 승객 유무에 따른 센서 데이터

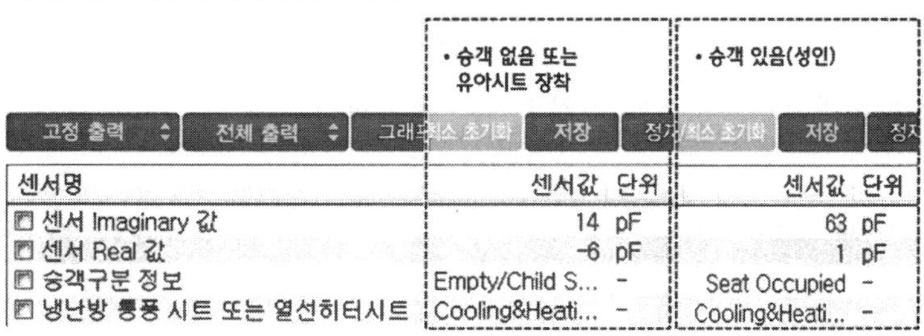

	• 승객 없음 또는 유아시트 장착		• 승객 있음(성인)	
센서명	센서값	단위	센서값	단위
센서 Imaginary 값	14	pF	63	pF
센서 Real 값	-6	pF	1	pF
승객구분 정보	Empty/Child S...	-	Seat Occupied	-
냉난방 통풍 시트 또는 열선히터시트	Cooling&Heati...	-	Cooling&Heati...	-

[1] 센서 Imaginary 값

시트 위 물체의 유전율을 바탕으로 계산된 정전 용량 값으로 pF으로 표시한다.

[표 2-9]

차량 옵션	성인 승객 인식(평균 값)
시트열선 미 적용	24pF 이상
시트열선 적용	29pF 이상

[2] 센서 Real 값

현재 수분에 의해 발생된 유전율을 표시하며 Imaginary 값과 연산하여 승객 구분 정보로 활용한다.

[3] 승객 구분 정보

현제 시트위의 물체(승객) 정보를 표시한다(비어 있음, 유아 시트, 승객 있음).

[4] 시트 옵션

냉·난방 통풍 시트 또는 열선 시트만 적용 사양인지 표시하며 센서 초기화 시 입력한다.

3.4.2. 고장시 데이터

승객 구분장치가 고장일 경우 ACU는 Fail로 인식하고 승객에 따른 동승석 에어백 제어를 수행하지 않고 운전석과 동일하게 에어백 전개를 제어한다. 센서는 미세 전류로 승객을 감지하기 때문에 위와 같은 고장이 발생할 경우 전압 및 저항을 통한 점검이 불가능하며 다음과 같은 점검방법을 참고한다.

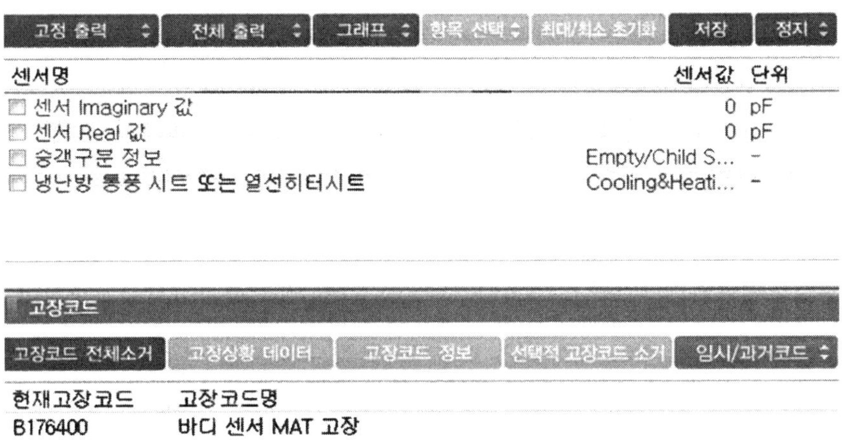

[그림 2-17]

[1] 승객구분 유닛 고장 시(ACU 고장코드 발생)

① 커넥터 체결 상태점검

② 전원 및 접지점검

③ CAN통신 파형점검

④ 정상 시 승객구분 유닛을 교환한다.

[2] 승객구분 센서 고장 시(승객구분 유닛 고장코드)

① 커넥터 체결 상태점검

② 센서 감지 전원점검(두선 모두 5V 미 감지 시 승객구분 유닛 내부불량 의심)

③ 유닛과 센서 단선, 단락점검

④ DTC코드에 따라 센서를 교환한다.

(3) 고장코드 및 조치방법

[표 2-10]

NO	고장유형	고장코드		고장진단기준 (상세)	조치 방법
		승객 구분장치	ACU		
1	승객구분 유닛고장	B1763	B1763	ACU와 승객구분 유닛 커넥터 조립불량 외부영향에 의한 ECU 내부소자 파손	매트와 승객구분 유닛 커넥터 분리 후 재체결 승객구분 유닛 교환
2	승객구분 센서 고장	B1764	B1764	승객구분 센서와 승객구분 유닛 커넥터 조립불량 외부영향에 의한 매트센서 절손	매트와 승객구분 유닛 커넥터 분리 후 재체결 승객구분 센서 교환
3	Algo cut-off	B1767	B1764	동승석 시트에 과도한 수분 유입 전자기기에 의한 영향	시트건조 및 해당 DTC소거 원인(간섭)이 되는 전자기기 미사용
4	IGN 전압 높음	B1111	-	IGN 전압이 18V이상일 때	차량 IGN전압 확인 및 바디 센서 DTC 확인 후 소거
5	IGN 전압 낮음	B1112	-	IGN 전압이 6V 이하일 때	차량 IGN전압 확인 및 바디 센서 DTC 확인 후 소거
6	CAN BUS-off	B1603	B1765	CAN BUS 고장에 의한 ACU와 승객구분 유닛 통신 불량	차량 IGN전압 확인 및 바디 센서 DTC 확인 후 소거

NO	고장유형	고장코드		고장진단기준 (상세)	조치 방법
		승객 구분장치	ACU		
7	Wrong ID	–	B1766	ACU와 승객구분 유닛이 사용 Vehicle ID와 다름(이종)	ACU와 승객구분 유닛 사양 확인 및 동종사양으로 교체
8	AUC 커뮤니케이션 에러	B1697	–	CAN BUS 고장에 의한 ACU와 승객구분 유닛 통신 불가 ACU 고장으로 메시지 수신 불가	CAN BUS 상태 확인 후 해당 DTC 소거 ACU 교체

3.4.4. 승객구분 장치의 초기화

① 초기화 시점 : 승객구분 유닛 및 센서 교환 시 실시

② 초기화 방법 : 진단 장비를 사용하여 승객구분 장치로 통신실시

승객구분 장치는 시트 상단 물체의 유전율을 통해 승객을 구분하는 민감한 장치이므로 승객구분 유닛 또는 센서 교환 시 반드시 초기화를 수행해야 정확한 승객구분을 할 수 있다.

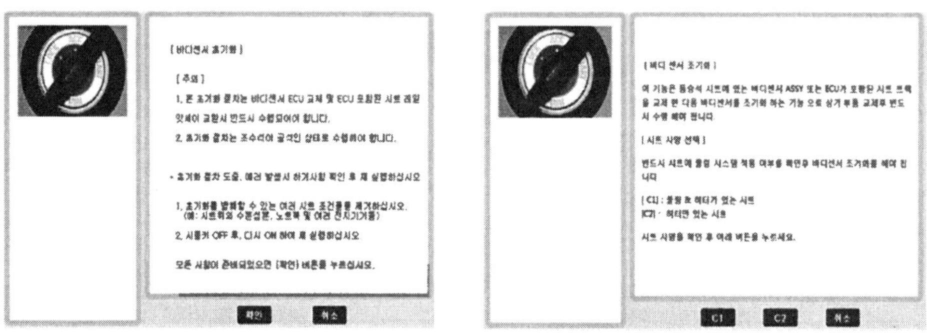

(a) (b)

[그림 2-18]

[1] 초기화 방법

① 진단장비 연결 후 승객구분 장치(ODS)와 통신

② 시트 위에 전자기기(전기가 통하는 모든 물체 및 수분성분을 제거한다)

③ 반드시 동승석이 공석인 상태로 진행한다.

④ 초기 화면에서 [확인]을 선택 후 다음 화면에서 시트 옵션에 따라 C1, C2를 선택한다.

⑤ 재확인을 요구하는 pop-Up 발생시 [확인]을 선택한다.

⑥ 초기화 완료 후 승객 탑승 유무에 따른 정전용량 변화를 확인한다.

4 ››› 에어백 보조 안전장치

4.1. 액티브 벤트시스템

동승석 에어백 내압상승으로 인한 동승석 승객 상해 저감을 목적으로 한다.

동승석은 대용량 에어백이 적용되어 있으며 고속 충돌시 두 개의 점화회로가 모두 점화될 경우 높은 내압을 유지한다. 에어백이 100% 전개된 후 기존 벤트 홀(가스 배출구멍)로 가스를 배출할 경우 신속한 동작이 이루어지지 않아 에어백에 안착 하는 승객의 상체를 편안하게 받아줄 수 없다.

액티브 벤트시스템은 고속충돌 시 신속한 가스배출을 위해 기존 벤트 홀에 추가로 벤트홀을 적용하여 2nd가 점화되어 에어백 내압이 상승하는 시점에서 동작한다.

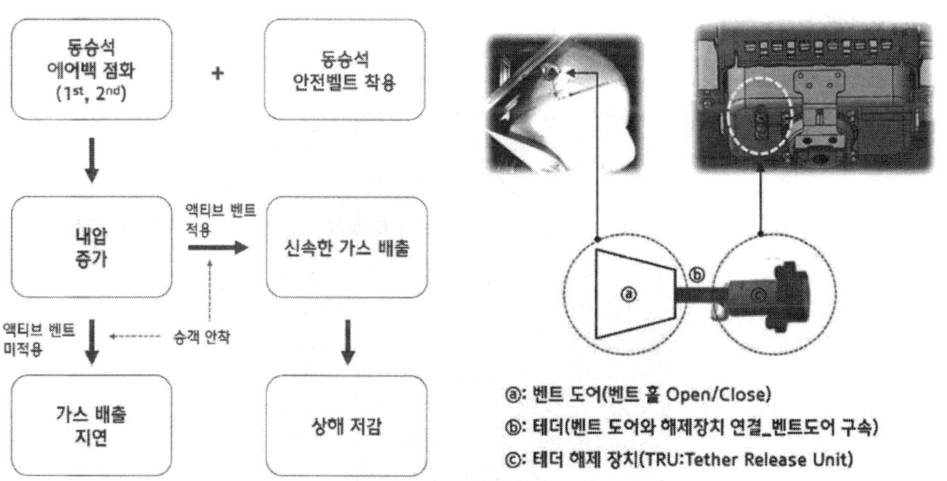

[그림 2-19]

[1] 동작 순서

① 동승석 에어백 2nd점화

② 에어백 내압상승

③ 동승석 에어백 2nd점화 후 테더 해제장치 점화

④ 해제장치에서 테더가 분리

⑤ 벤트도어 열림

⑥ 동승석 에어백가스 배출

⑦ 차량이 저속 충돌하여 1st만 점화된 경우 120~150ms 후 2nd와 동시 점화(폐기목적)

4.2. 시트벨트 편의기능

[1] CLR(Convertible Locking Retractor)

CLR은 유아시트를 차량 시트에 고정하기 위해 시트벨트가 풀리는 것을 방지하는 기능으로 시트벨트 잠김 기능만 수행하는 장치로 작동 순서는 아래와 같다(인입은 가능).

① 시트벨트를 '딸깍' 소리가 날 때까지 끝까지 당긴다(풀어준다).

② 이 상태에서는 시트벨트의 인입은 가능하나 풀리지 않는다.

③ 시트벨트로 유아시트를 고정하고 버클에 채운다.

[그림 2-20]

④ 풀려있는 시트벨트를 놓으면 자동으로 되감긴다(이후 되감긴 시트벨트는 풀리지 않고 고정된다).

⑤ 구속을 해제하려면 시트벨트를 버클에서 탈거하여 끝까지 인입시킨다.

-동승석, 후석 적용

-안전벨트 기구 내에 기어 형태로 구성

-유아시트 장착시 벨트가 풀리지 않도록 고정한다.

5 ››› 에어백(Air Bag System)시스템 점검하기

에어백(Air Bag System)시스템은 취급시 안전과 정확한 점검, 교환, 수리, 검사가 이루어져야한다. 따라서 에어백 취급시 주의사항 숙지와 해당 차량 정비지침서에 따라 취급이 이루어져야 한다.

5.1. 에어백(Air Bag System)시스템의 모듈 탈·부착하기

조립은 분해의 역순으로 지침서참조

① 배터리 (-)단자를 탈거한다(그림 2-21 참조).

② 플로어 콘솔 어셈블리를 탈거한다.

③ 에어백시스템 시스템모듈(SRSM) 커넥터의 잠금 레버를 당긴 후 커넥터(A/B)를 분리한다.

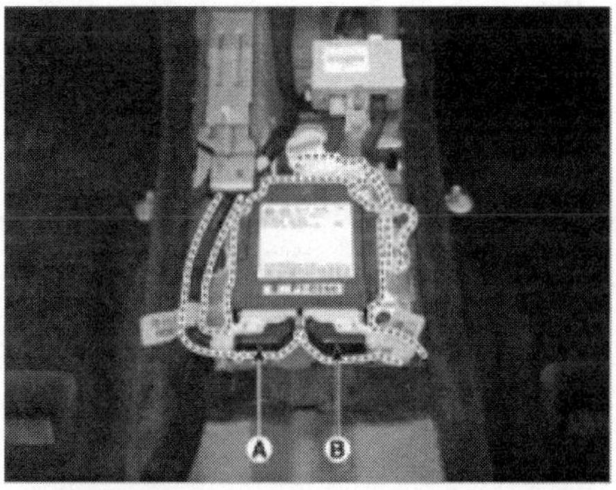

[그림 2-21] 에어백(Air Bag System)시스템 모듈

④ 에어백시스템 시스템모듈(SRSM) 장착볼트(3개)를 푼 후 탈거한다.

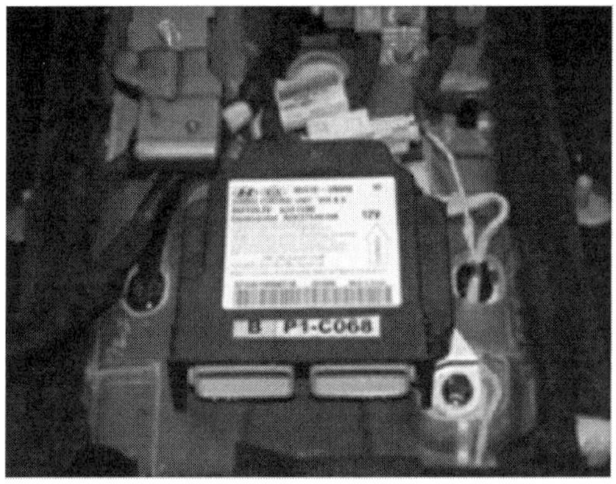

[그림 2-22] 에어백(Air Bag System)시스템 모듈

5.2. 터미널 및 커넥터 점검 및 검사하기

① 전체적으로 커넥터의 느슨함, 접촉불량, 구부러짐, 부식, 오염, 변형 또는 손상을 점검 검사한다.

② 커넥터의 느슨함, 접촉불량, 구부러짐, 부식, 오염, 변형 또는 손상을 점검 검사 후 선간 저항을 측정한다.

[그림 2-23] 터미널 및 커넥터 점검 및 검사하기

5.3. 에어백(Air Bag System)시스템 회로도 검사하기

[1] Local CAN통신 저항값 검사하기

① 멀티미터, 종합시험기, 스케너 등을 이용하여 선간저항, 전압값 검사를 실시한다.

② 저항값 측정은 측정기기의 영점조정 후 실시한다.

③ 에어백시스템은 전압, 저항, 검사, 교환 등의 작업이 극히 제한적인 부분이 있다. 특정되지 않은 부분을 잘못 점검을 하면 에어백시스템 전체가 문제가 발생한다. 따라서 해당 정비지침서를 필히 준용한 상태에서 단품검사, 교환, 수리 등이 이루어 질 수 있다(책 내용은 에어백시스템 중 일부분을 다루도록 한다).

5.4. 에어백(Air Bag System)시스템의 전원 및 통신선 검사하기

[1] 측정순서 및 절차

① IGN key "OFF".

② 에어백 모듈 커넥터를 탈거한다.

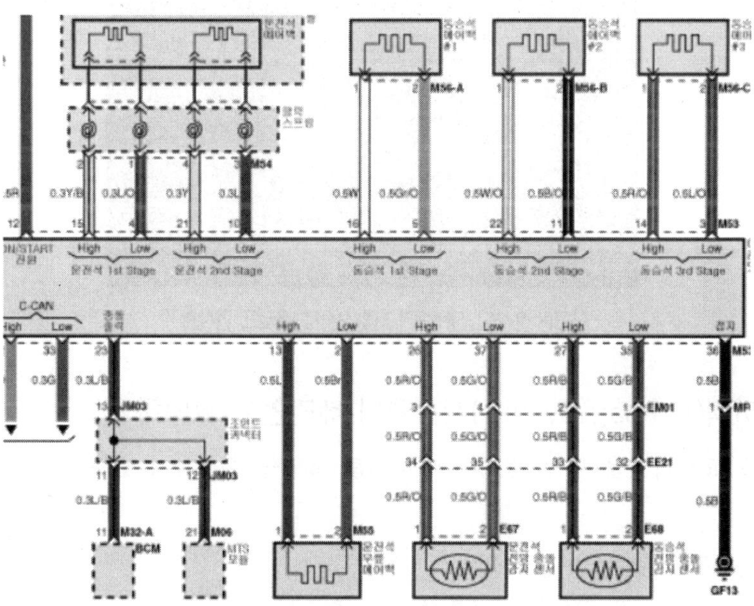

[그림 2-24] HUD모듈 전원 및 선간저항 검사하기

③ 에어백 모듈 커넥터 배선측 CAN-HIGH단자사이의 선간저항, 전압을 검사한다.

④ 에어백 모듈 커넥터 배선측 CAN-LOW단자사이의 선간저항 전압을 검사한다.

⑤ 정상값 : 1Ω 이하(해당 차량 정비지침서 및 회로도 확인)

5.5. 오슬로 스코프 검사하기

[1] 측정순서 및 절차

① 에어백모듈 커넥터를 연결한다.

② IG key "ON"

③ 에어백 S/W, "ON"→"OFF"→"ON"(CAN 통신 Wake up 상태 유지)

④ 에어백 모듈 커넥터 배선측 CAN-HIGH단자사이의 저항, 전압을 검사한다.

⑤ 에어백 모듈 커넥터 배선측 CAN-LOW단자사이의 저항, 전압을 검사한다.

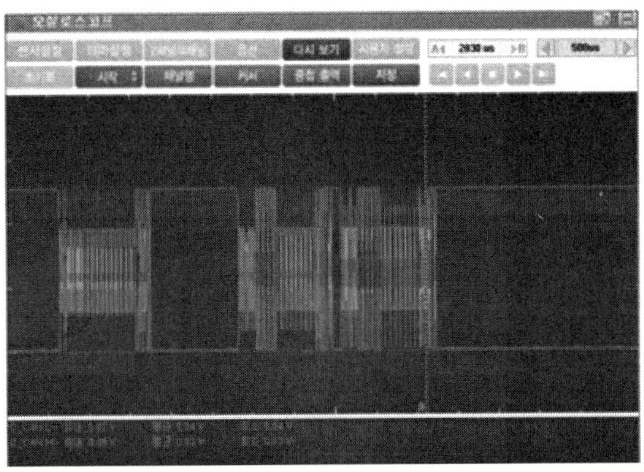

[그림 2-25] 에어백시스템 오슬로 스코프 검사하기

5.6. 에어백(Air Bag System)시스템의 베리언트 코딩하기

SRSM을 교환하였을 때는 반드시 베리언트 코딩을 실시해야 한다.

[1] 베리언트 코딩방법(On-Line방식)

① 점화스위치를 “OFF”하고, 진단기를 연결하다.

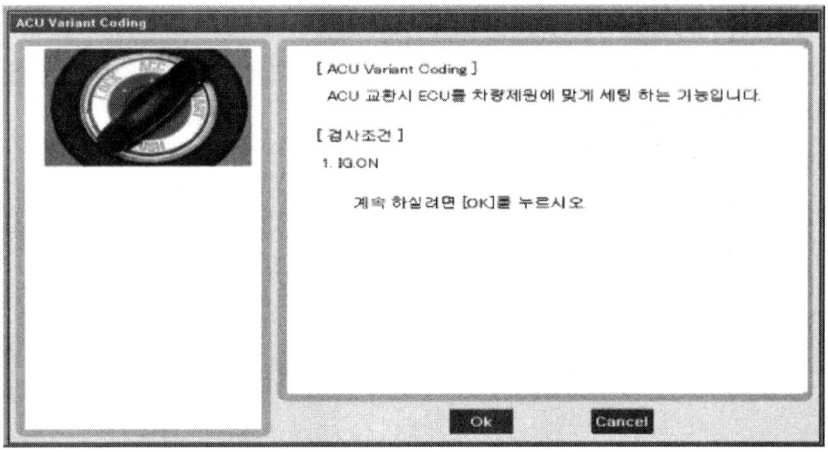

[그림 2-26] 에어백(Air Bag System)시스템 베리언트 코딩

② 점화스위치를 “ON”하고, 엔진은 “OFF”한다. 에어백시스템을 선택하고, “ACU Variant Coding”를 선택한다.

③ 진단기의 지시에 따라 “OK” 버튼를 누른다.

④ 차량의 VIN번호를 입력 후 “OK” 버튼를 누른다.

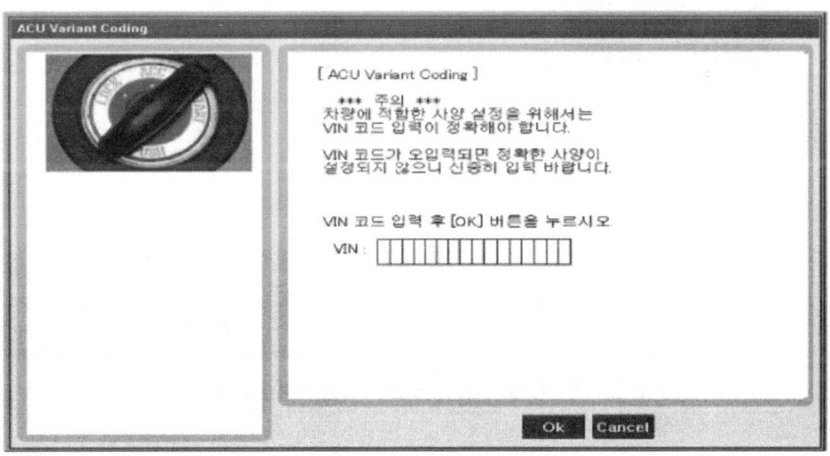

[그림 2-27] 에어백(Air Bag System)시스템 베리언트 코딩 차대번호 입력

⑤ 베리언트 코딩 전용 코드 진행 중으로 완료 때까지 대기한다.

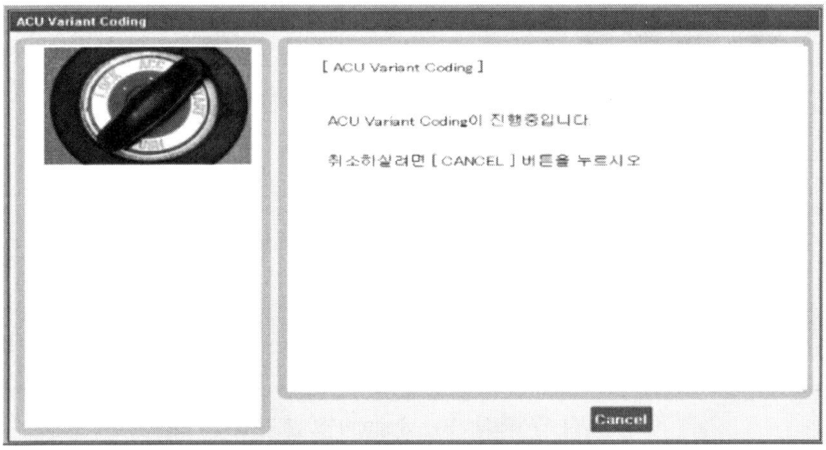

[그림 2-28] 에어백(Air Bag System)시스템 베리언트 코딩 진행중

⑥ 베리언트 코딩 실행요구 계속하려면 "OK" 버튼를 누른다.

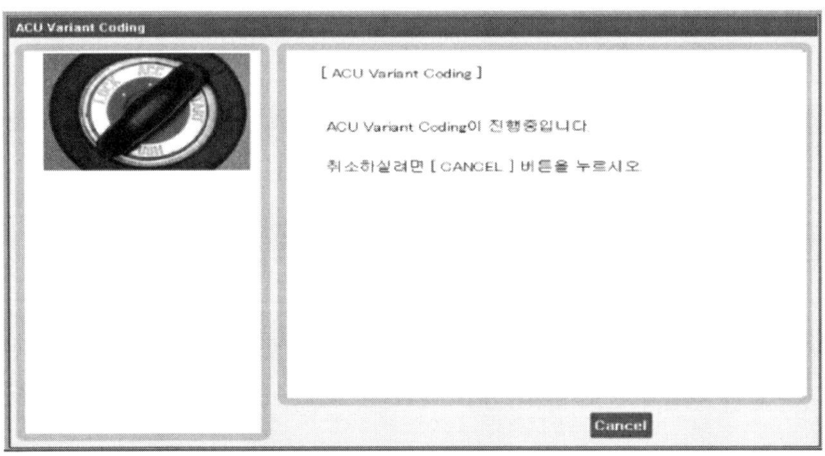

[그림 2-29] 에어백(Air Bag System)시스템 베리언트 코딩실행요구

⑦ 베리언트 코딩이 완료되면 아래 메시지를 나타내며, "OK"버튼을 눌러 코딩을 완료한다.

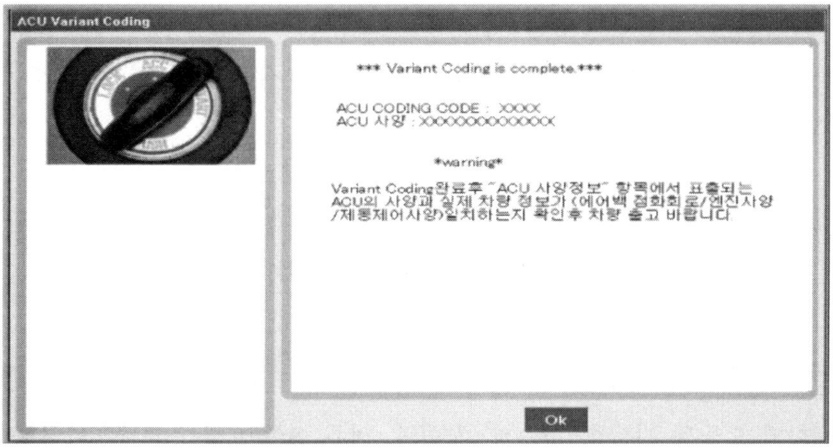

[그림 2-30] 에어백(Air Bag System)시스템 베리언트 코딩완료 화면

⑧ SRSM이 저전압(배터리의 전압이 9V 이하) 상태일 때는 베리언트 코딩이 이루어지지 않는다. 이때는 배터리를 충전하고(SRSM), 베리언트 코딩을 다시 실시한다(on-lain방식 불가시 off-lain방법은 별도).

5.7. SRS(Air Bag System)시스템의 단품전압 확인하기

회로도를 확인한 후 단품들의 전압, 전류, 단품저항, 선간저항을 측정한다.

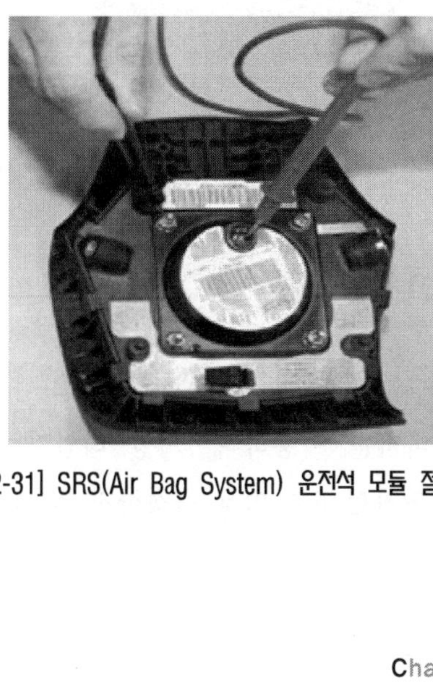

[그림 2-31] SRS(Air Bag System) 운전석 모듈 절연테스트

5.8. 에어백모듈 절연 테스트

에어백 모듈의 점화회로와 연결된 두 단자는 모듈 자체와 절연이 되어야 하며 만일 절연도가 떨어지면 고장코드가 출력될 수 있다.

정 상	불 량
50MΩ 이상	50MΩ 이하

5.9. 인플레이터(점화회로) 점검

① 에어백 모듈은 운전석, 조수석, 사이드, 커튼 에어백 및 프리텐셔너의 진단방법이 모두 동일하다. 단품 진단에 앞서 반드시 커넥터 접촉불량 유무를 확인해야 한다.

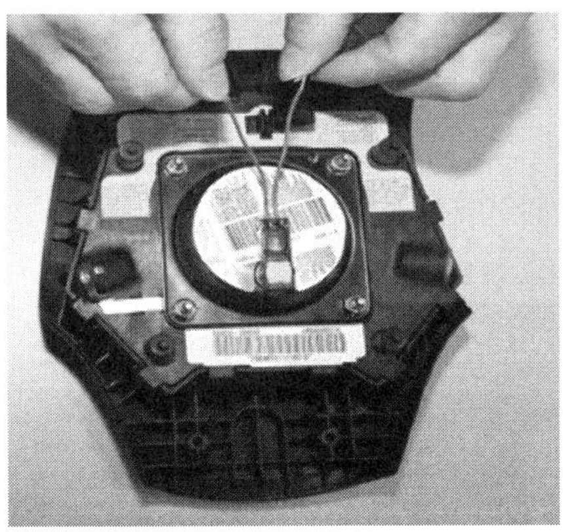

[그림 2-32] SRS(Air Bag System)시스템 운전석모듈

② 에어백 모듈 탈거(연결 와이어링 포함) High와 Low 두 단자사이의 저항을 측정한다.

③ 와이어링 없이 모듈에서 측정하면 단락 바에 의하여 0Ω이 측정된다.

④ 반드시 디지털 멀티미터를 사용하며, 저항 레인지 선택 시 모니터링 전류가 50mA 이하일 것(두 단자를 5초 이상 측정하지 말 것).

정 상	불 량
1.6~4.7Ω	정상 이외 범위

⑤ 클럭 스프링에 저항연결 후 측정하기

㉮ 에어백 모듈 탈거

㉯ 클럭스프링에 보조 커넥터 연결

㉰ 보조 커넥터 끝단에 2Ω 저항 연결

㉱ 점화키 ON 후 진단장비를 사용하여 기억소거

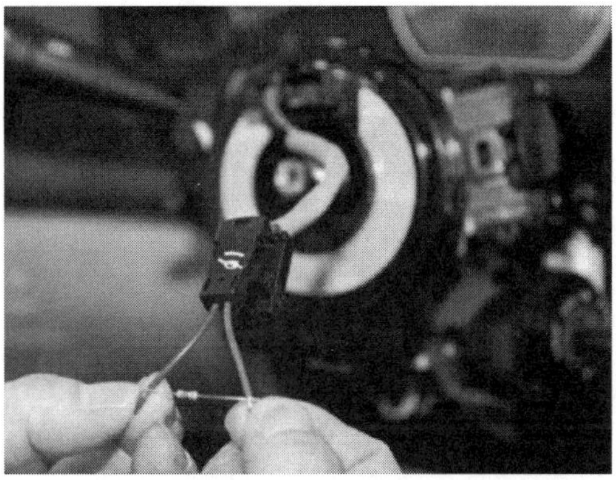

[그림 2-33] SRS(Air Bag System) 클럭스프링

㉲ 진단코드 확인

진단코드 삭제됨	진단코드 재출력
에어백 모듈 불량	에어백 모듈 외 타 부품점검

CHAPTER 03

Driving safety device Convenience device System

경고장치

1 경고장치 제어(안전벨트. 선루프 열림. 주차브레이크)

1.1. 안전벨트 경고(운전석 동승석 동일)

① IGN On시 안전벨트를 착용하면 경고등은 6초간 점등되고, 부저는 동작하지 않는다.

② 안전벨트를 착용하지 않고 차속이 입력되면 경고등은 계속 점등된다(~9Km/h).

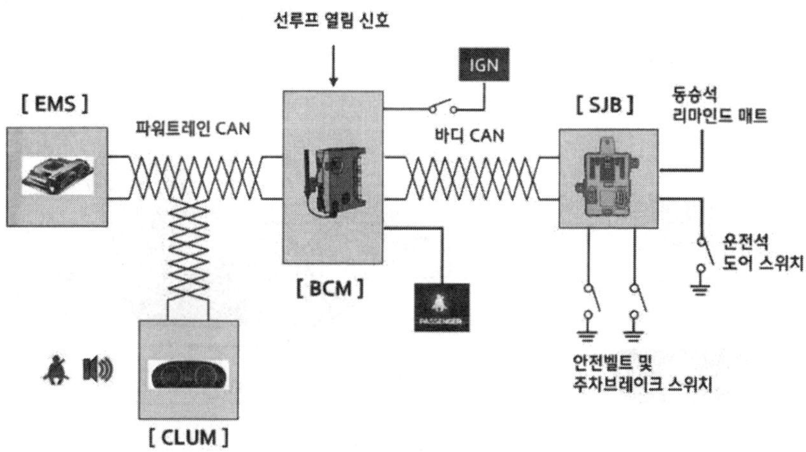

[그림 3-1]

③ 안전벨트를 착용하지 않은 상태로 차속이 9Km/h를 초과하면 경고등은 점멸한다(9~20Km/h).

④ 안전벨트를 착용하지 않은 상태로 차속이 20Km/h를 초과하면 경고등 및 차임벨은 100초 동안 1회 동작한다.

⑤ 주행 중 안전벨트를 탈거할 경우 상기 로직과 동일하게 동작한다.

⑥ 동승석에 승객이 없을 경우(리마인드 매트) 6초 점등 후 속도에 따른 제어를 하지 않는다. 동승석의 경우 어드밴스드 에어백적용 차량용 에어백시스템의 승객구분 장치에서 송신되는 신호를 CAN통신으로 입력받아 승객 탑승 상태를 판단한다(SJB의 안전벨트 신호입력 & 동승석 승객정보로 판단한다).

1.2. 동승석 SBR(Seat Belt Reminder) 제어 및 경고기능

1.2.1. 개요

승객이 탑승하고 시트벨트 미 착용시 경고.

① 동승석 SBR 매트 S/W신호를 BCM으로 보내준다.

② BCM은 경고음 작동 유무를 CAN을 통해 클러스터로 신호를 준다.

③ 경고등은 BCM이 직접 제어한다.

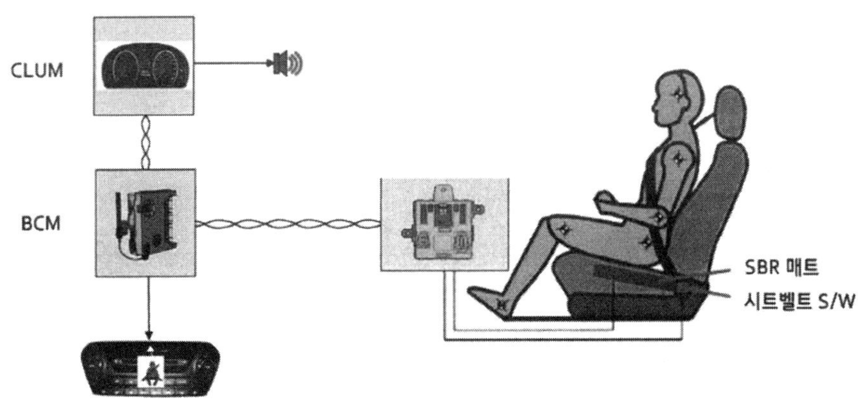

[그림 3-2]

1.2.2. SBR 매트 S/W제어

SBR매트 S/W는 승객의 탑승 유무를 저항을 통해 30kg 이상의 무개를 감지한다.

① 승객이 착석할 경우, 시트센터기준으로 좌우대칭의 엉덩이 영상을 감안하여 Sensor Cell도 좌우대칭으로 배열되어있다.

② 좌우대칭으로 형성된 Cell 중 좌측의 최소 한 개와 우측의 최소 한 개의 Cell에 동시에 Load가 가해질 경우 승객이 착석한 것으로 감지한다.

③ (L1)과 (Rl 또는 R2)에 Load 가해질 경우

④ (L2)와 (Rl 또는 R2)에 Load 가해질 경우

⑤ 이 좌우대칭의 Cell 배열은 하나의 Cell에 Load가 가해질 때 승객이 착석한 것으로 인식될 경우 승객이 아닌 물체(쇼핑백 등)에 의한 오작동을 방지하고자 적용한다.

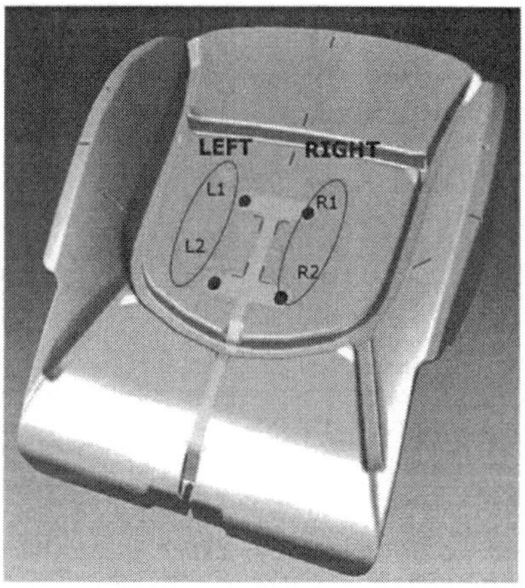

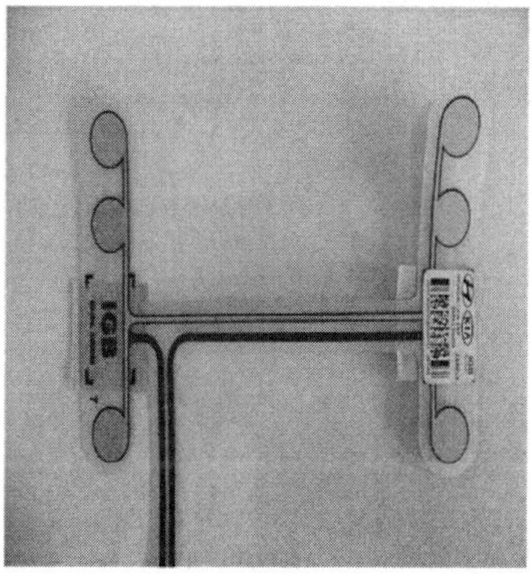

[그림 3-3]

1.2.3. SBR 매트 S/W 회로도

① SJB가 5V 매트 센서 전원을 인가한다.

② 내부 저항값이 변화하면 감지하는 전압도 변화된다.

③ 내부 저항값은 약 400Ω을 기준으로 승객 탑승 유무를 판단한다.

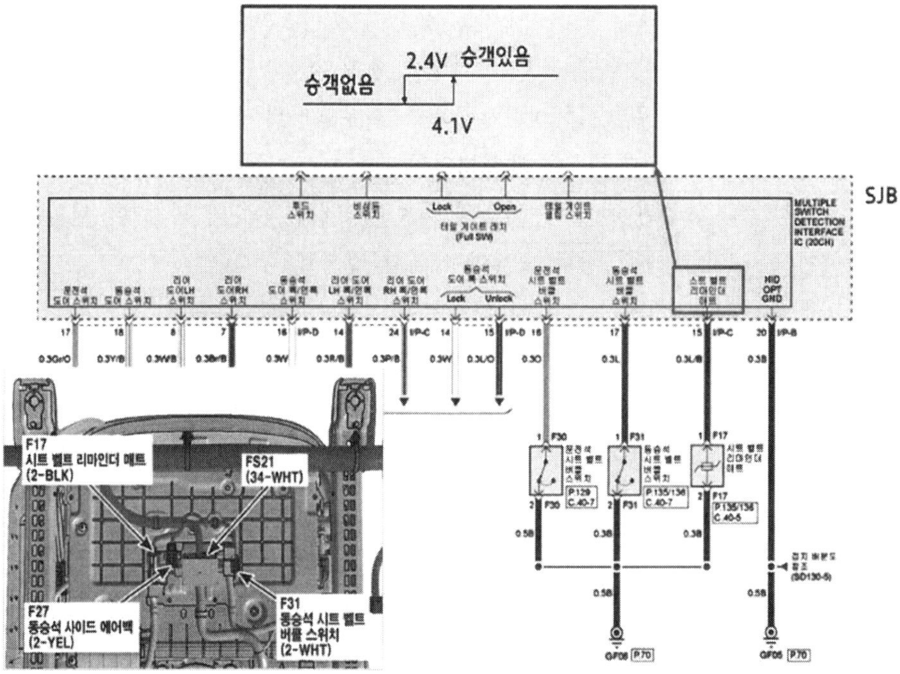

[그림 3-4]

④ 전압 변화는 약 2.4V 이하이면 승객 탑승, 4.1V 이상이면 승객 없음으로 판단한다.

1.3. 주차브레이크 경고

주차 브레이크를 체결한 상태로 주행하면(5km/h) 부저를 통한 경고를 수행한다(연속 음).

1.4. 선루프 열림 경고신호

선루프를 Open시킨 상태로 전원 Off하면 부저 및 안내 화면으로 경고한다.

① BCM : 선루프 열림 신호 감지

② 클러스터 : 로직 판단 및 경고

1.5. 스마트키 경고

1.5.1. 스마트키 이탈 경고 제어기능 동작순서

[표 3-1]

스마트키 실내 이탈경고(도어를 열 때)	임의의 도어가 열린 상태로 스마트키 이탈시
① SMK는 도어가 열리면 3초 주기로 실내 안테나를 구동하여 스마트키를 인증한다. ② 차량 전원 ACC 이상에서 임의의 도어를 연다. ③ SMK는 3초 주기로 실내 안테나를 구동하여 스마트키를 찾는다. ④ 스마트키의 응답이 없으면 Key out Lamp 점등을 요청한다. [SMK → BCM → 클러스터] ⑤ 이후 실내에서 스마트키를 찾으면 경고를 중단한다.	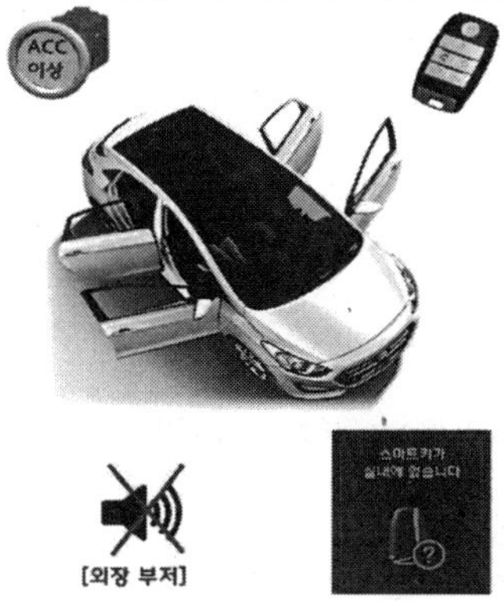

[표 3-2]

스마트키 실내 이탈경고(도어를 닫을 때)	스마트키가 이탈된 상태로 도어가 닫힐 경우
① 도어를 열고 스마트키가 실내에서 이탈된 상태로 도어를 닫는다. ② 도어를 닫는 순간 SMK는 실내 안테나를 구동하여 스마트키를 찾는다. ③ 스마트키의 응답이 없으면 클러스터는 문자경보 및 외부부저가 5초간 연속 출력된다. ④ 이후 스마트키 인증을 취소하여 도난을 방지한다. - 엔진 정지 시 인증 취소(재시동 불가) - 엔진 구동 중 인증 유지	

1.5.2. 키 리마인더 경고 제어기능 동작순서

[표 3-3]

키 리마인드 경고 1	실내에 스마트키가 있는 상태로 도어록 실행시
① 실내에 스마트키가 존재하는 상태로 임의의 도어를 연다. ② 하나 이상의 도어를 록 한다(노브 또는 중앙 집중 스위치). ③ 록 신호가 입력되면 실내 안테나를 구동하여 스마트키를 찾는다. ④ 스마트키가 감지되면 도어 언 록을 요청한다. [SMK → BCM → SJB]	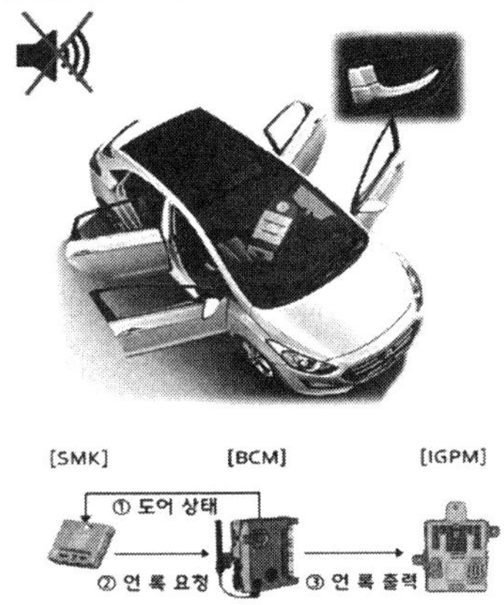

[표 3-4]

키 리마인드 경고 2	실내에 스마트키가 있는 상태로 도어를 닫을 때 래치 불량으로 원치 않는 도어 록 시
① 실내에 스마트키가 존재하는 상태로 문을 닫는다. ② 래치 또는 액추에이터 불량으로 충격에 의해 도어가 닫힌 직후 0.5초 이내에 임의의 도어가 록 된다. ③ 도어 록 이후 실내 안테나를 구동하여 스마트키를 찾는다. ④ 스마트키가 감지되면 도어 언록을 요청하고 외장부저는 5초간 연속으로 출력된다. -언록 요청 [SMK → BCM → SJB] -외장부저 구동	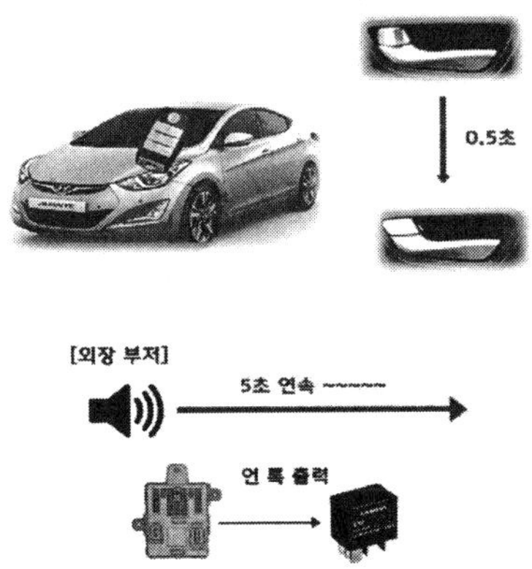

1.5.3. 도어록 경보 제어기능 동작순서

[표 3-5]

도어록 경보 1	ACC 이상에서 록 수행 후 차량 이탈방지 (운전자 실수 발생)
① 차량 전원이 ACC 이상에서 모든 도어를 닫는다. ② 아웃사이드 핸들의 도어 록/언 록 버튼을 누른다. ③ 신호가 입력된 해당 도어 핸들 안테나를 구동하여 스마트키를 찾는다. ④ 스마트키가 응답할 경우 도어 록을 수행하지 않고 외장 부저를 3초 동안 연속 출력한다.	

[표 3-6]

도어록 경보 2	도어가 열린상태로 록 수행 후 차량 이탈방지
① 차량 전원 Off 상태에서 1개 이상의 도어가 열려있는 상태 ② 아웃사이드 핸들의 도어 록/언 록 버튼을 누른다. ③ 신호가 입력된 해당 도어 핸들 안테나를 구동하여 스마트키를 찾는다. ④ 스마트키가 응답할 경우 도어 록을 수행하지 않고 외장부저를 3초 동안 연속 출력한다.	

CHAPTER 04

Driving safety device Convenience device System

편의장치

1 공조장치

1.1. 공조장치의 개요

운전석 및 동승석 온도를 개별적으로 제어하는 듀얼시스템을 적용하고 파워트레인 CAN을 통하여 정보를 공유한다. 사용자가 실내온도 설정 후 Auto버튼을 누르면 DATC 모듈은 실내온도 센서 및 여러 센서의 신호를 받아 설정온도에 근접하도록 풍량 및 풍향과 컴프레서를 제어한다. 냉방의 경우, 실내 냉방부하 결정 후 DATC 모듈은 CAN통신을 통해 EMS로 컴프레서 구동을 위한 냉방부하를 요청한다.

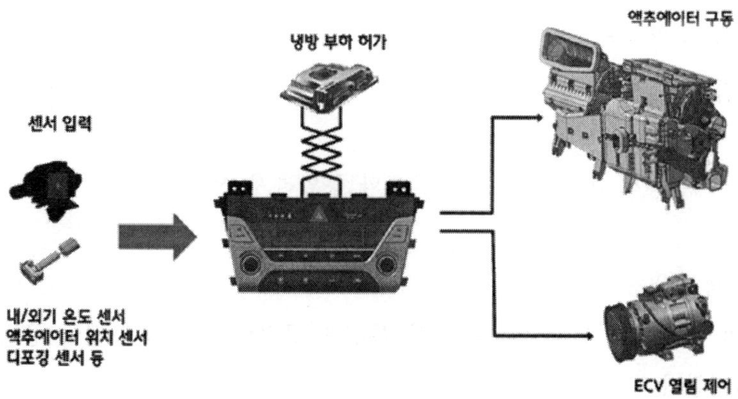

[그림 4-1]

이후 컴프레서 내부의 ECV 열림량을 제어하여 냉방을 수행한다. 또한 토출온도를 제어하는 템프 액추에이터, 바람의 방향을 제어하는 모드 액추에이터 등 각종 액추에이터를 구동하여 설정된 실내온도에 도달한 후 이를 유지한다. 제어실행 중에는 앞 창문으로도 바람이 토출되는데, 이는 습기방지를 위해 각 모드에 따라 일정량의 바람을 토출하기 때문이다.

또한 자동제어되는 ALL모드(모든 방향으로 바람 토출 LCD창에는 BI-Level로 표시) 및 냉・난방 개선 로직(일정조건에서 내기 20% 혼입) 등을 통해 더욱 쾌적한 실내 환경을 만든다.

1.2. 공조장치의 주요기능

DATC시스템을 Off하면 내부 로직에 의해 템프(Temp) 액추에이터는 20초 지연 후 A/C Off조건(핀 서모 센서에 의해 컴프레서가 Off된 시점)으로 이동하여 냉기를 조금 더 유지할 수 있도록 하며, 외기로 전환된다.

플로워 퍼지제어는 주차 충 HVAC에 발생된 습기를 제거하기 위한 제어로, DATC On조건에서 항상 동작된다. 측 IGN On 전원이 입력되면 다른 기능에 앞서 동작되며 바람의 방향을 8초 동안 Floor로 고정하고 3초 동안 블로워 모터를 구동하여 습기를 제거한다.

1.2.1. 듀얼 공조시스템의 주요기능

[1] 자동온도 제어기능

Auto스위치 on시 설정온도 및 센서 입력에 따라 운전석, 동승석 온도를 자동으로 제어할 수 있다.

① Sync : 동승석 온도를 운전석 온도와 동일하게 전환한다.

[2] 컴프레서 제어

외부가변 컴프레서 적용으로 EMS와 통신을 통하여 ECV(전자제어 용량 제어밸브) 제어를 실행한다.

[3] 클러스터 이오나이저

실내 공기정화를 위해 클린모드를 수행한다.

[4] 오토 디포깅

전방유리의 성애발생을 자동으로 억제한다.

[5] 주요 센서

오토 디포깅 센서, 실·내외 온도센서, 핀 서모센서, 일사량센서, 냉각 수온센서

[6] 주요 출력요소

템프 액추에이터(운전석, 동승석), 모드조절 액추에이터, 내·외기 전환 액추에이터, 디포깅 액추에이터

[7] 통신 및 진단

파워트레인 CAN통신

1.3. HVAC(Heating Ventilation Air Conditioning)의 구조

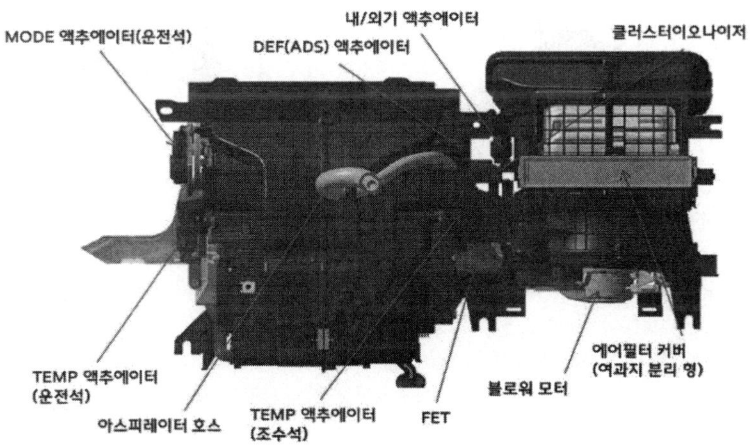

[그림 4-2]

[표 4-1]

항 목	HVAC
온도설정	17~32℃
풍향설정	VENT, BI-LEVEL, FLOOR, MIX, DEF 5가지 모드
액추에이터	모드 액추에이터, 탬프 액추에이터, 내·외기 액추에이터, 디포깅 액추에이터
냉 난방기구	히터코어, PTC히터, 에바퍼레이터

1.4. HVAC의 입·출력요소

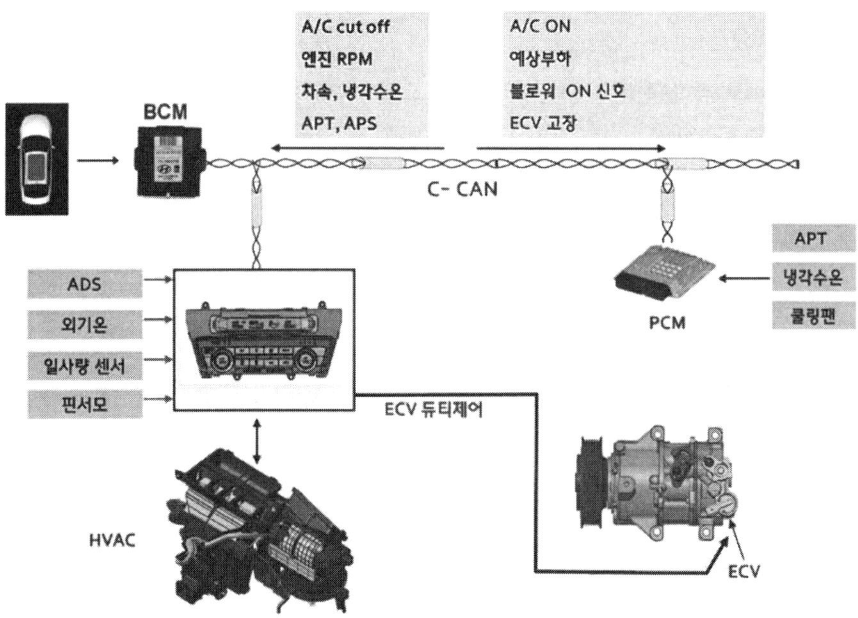

[그림 4-3]

1.4.1. 입 · 출력요소의 역할

[표 4-2]

센서 명	하는 역할
핀서모 센서	-냉방 중 에바포레이터가 빙결되는 것을 방지. -에바포레이터 삽입형으로 온도를 직접 감지한다(부특성 더미스터)
일사량 센서	-일사량에 따른 실내용도 변화를 보정. -운전석 및 동승석 센서 일체형
외기온도 센서	-차량 전면에(라디에이터 앞) 장착되어 외기온도를 감지. -외기온도 표시 및 실내온도 제어에 사용.
오토 디포깅 센서	-룸미러 뒤에 장착 -유리표면의 습기를 감지하여 DATC는 제습기능을 수행한다.
실내 온도 센서	실내온도를 측정하여 운전자가 설정한 온도와 일치하도록 공조시스템을 제어하는 주 센서(DATC 모듈 상단)

1.4.2. 제어회로의 구성도

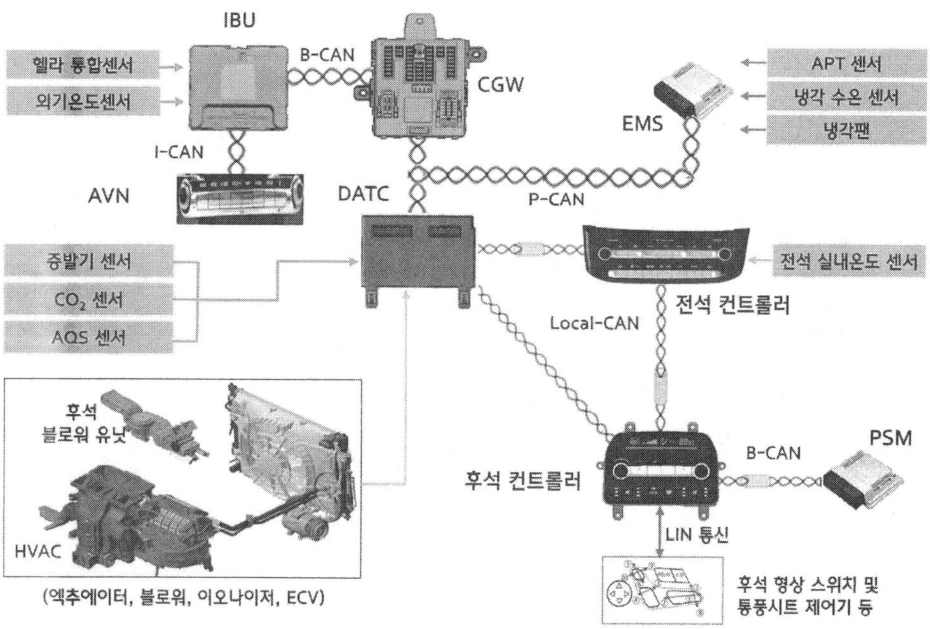

[그림 4-4]

1.4.3. K9 공조시스템의 특징

① 위 그림은 HI차량에 적용된 에어컨시스템 전반의 구성도이다.

② 구성도를 통해 에어컨시스템과 연관된 신호의 흐름과 통신방법을 파악할 수 있다.

③ DATC 메인유닛이 각종 센서와 타 제어기로 부터 공조 관련 정보를 수집하고 판단하여 압축기, 블로워, 액추에이터 등을 구동하여 운전자가 요구하는 냉방성능을 만족시킨다.

1.5. HVAC의 주요기능

1.5.1. 선루프 열림(OPEN)시 외기전환으로 공기순환 유도

이 기능은 주행 중 선루프가 열리게 되면 실내는 부압이 형성되어 외부의 배기가스가 실내로 유입될 가능성이 많기 때문에 실내로 외부의 오염된 공기가 유입되지 않게 하기 위해 적용이 되었다.

내기	외기
100% 외기가 아닌 경우에 선루프 Open 시 실내압 하강으로 배기가스 유입가능	선루프 Open 신호에 따라 100% 외기로 전환 제어

[1] 진입조건

① 선루프 열림신호 CAN수신

② 100% 외기조건 아닌 경우

③ 선루프 열림 신호 & 수동 내기로 3분경과시

[2] 해제조건

① 선루프 닫힘 신호수신시

② 로직진입 중 수동 내기 선택 시(3분경과 후 재진입)

[3] 작동사양

(1) 진입시

100% 외기로 작용(시스템 ON/OFF에 무관 내외기 작동상태 연동)

(2) 해제시

① 선루프 닫힘으로 해제시 로직 진입 전 상태 복귀(수동이면 수동, AUTO 면 AUTO로 복귀)

② 수동 내기 선택으로 해제시 수동 내기 유지

1.5.2. 결로 방지기능

이 기능은 겨울철에 장시간 내기 모드로 운행 시 성애발생 빈도가 높기 때문에 자동으로 외기모드로 전환시켜주어 안전운전에 도움을 주기 위해 적용이 되었다.

[1] 진입조건

① IGN ON조건(DATC ON, OFF 관계없음)

② 내기모드 일 때(4.3V 이상)

③ 외기온도 -5℃ 이하 조건일 때 DATC 로직에 따라 제어된다.

④ 상기 ①, ②, ③모두 만족하여 30분 이상유지 시 수동외기로 전환된다.

[2] 온도조건

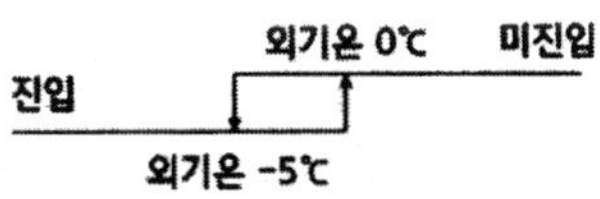

[3] 해제 복귀 로직

① VENT모드 선택 후, 외기버튼을 3초간 누름

② 해제 시 REC, INDI가 0.5초 간격으로 3회 점등, 소등

③ 복귀 시 REC, INDI가 0.25초 간격으로 6외 점등, 소등

1.5.3. 기타 제어기능

[1] 디프로스터(DEF) 제어

앞 유리의 제습을 위한 기능으로 앞 유리(DEF)모드로 전환 및 외기 유입(내·외기 액추에이터 작동) 후 컴프레서 동작 및 블로워 모터를 3단 수준(6.5V)까지 상승시킨다.

[2] 난방 기동 제어기능

겨울철 초기 난방 시 외부에서 유입되는 차가운 공기의 발쪽(Floor) 토출을 방지한다.

(1) 작동조건

① 외기온도 15℃ 냉각수 온도 68℃ 이하 일 때

② 설정모드가 발쪽(Floor)일 경우

③ 블로워 모터 속도를 1단 수준(3.8V)로 유지할 때.

(2) 해제조건

IGN On 후 10분 또는 냉각수 온도상승 시 기능을 해제한다.

[3] 냉방 기동 제어기능

여름철 컴프레서 구동 직전의 열풍 토출로 인한 불쾌감 방지를 위해 작동한다.

(1) 작동조건

① Auto Mode로 동작

② 핀 서모센서가 내부온도 30℃ 이상 감지할 때

③ 컴프레서를 구동한다.

④ 블로워 모터 속도를 1단 수준(3.8V)로 유지 및 플로워(발쪽) 모드로 유지한다.

(2) 해제조건

제어진입 12초 후 또는 블로워 모터 수동조작 시 기능이 해제된다.

[4] 입력센서 데이터 특성

① 오토 디포그 센서 : 상대습도, 주변온도, 유리온도 측정

② 상대습도, 주변온도 : I2C 통신으로 DATA 송신(전용장비 외 측정불가)

③ 유리온도 : H/W방식으로 DATA송신(측정가능)

[표 4-3]

핀 서모센서

온도(℃)	전압(v)	온도(℃)	전압(v)
40	0.73	0.5	2.21
30	1.02	0	2.52
20	1.41	−5	2.83
10	1.92	−10	3.17

외기 온도센서

온도(℃)	전압(v)	온도(℃)	전압(v)
40	1.73	0.5	3.80
30	2.23	0	3.82
20	2.77	−5	4.04
10	3.32	−10	4.23

오토 디포깅 센서

유리온도	전압(v)	유리온도	전압(v)
40	1.83	10	3.22
30	2.27	0	3.68
25	2.5	−10	4.06
20	2.74	−20	4.38

APT 센서

정상범위전압(v)	0.75~4.5
이상고압(v)	4.5 이상
이상저압(v)	0.75 이하

[5] 액추에이터 출력특성

토출온도 및 풍향을 조절하는 액추에이터 내부에는 전압형태로 위치를 판단하는 위치센서가 내장되어 있어 정밀한 제어가 가능하게 한다.

(1) 템프 액추에이터

운전석, 동승석 독립온도제어 및 토출되는 온도조절

① Hot(32℃) : 4.5V

② 온도조절시 : 0.4~4.5V

③ Cool(17℃) : 0.4V

(2) 모드 액추에이터

토출되는 바람의 방향조절

① VENT : 0.45V(정면방향)

② BI-LEVEL : 2.2V(정면, 발 방향)

③ FLOOR : 3.3V(발 방향)

④ MIX : 3.7V(앞 유리, 발 방향)

⑤ DEF : 4.55V(앞 유리 방향)

(3) 디포깅 액추에이터

오토 디포깅 센서가 전면유리의 습기를 감지하면 토출모드를 전면유리로 변경 및 토출모드에 따라 전면유리로 토출되는 바람의 양을 조절한다.

① Close : 0.45V

② Open(DEF) : 3.35V

(4) 내·외기 액추에이터

내기 및 외기조절

① 내기 : 4.6V

② 외기 : 0.4V

(5) 블로워 FET TR 및 핀 서모센서

FET TR을 제어하여 블로어 모터의 속도를 조절한다.

① 1단 : 3.8V

② 속도 조절중일 때 : 3.8~B+ 전압까지 변동

③ 8단 : B+ 전압

블로워 모터는 수동 4단 오토 8단으로 제어되며, 설정 단수에 따른 FET 구동전압은 아래 표와 같다.

[표 4-4]

모터구동단수	구동 전압	핀 서모센서 동작온도(컴프레서 On/Off작동 온도)
1단	3.8V	Off(1.5℃) ↓ ↑ On(3.0℃)
2단	5V	
3단	6.1V	
4단	7.3V	
5단	8.5V	Off(1.0℃) ↓ ↑ On(2.5℃)
6단	9.7V	
7단	11.9V	Off(0.6℃) ↓ ↑ On(2.1℃)
8단	B+V	

2 》》 와이퍼장치 제어

2.1. 레인센서

BCM은 레인센서가 감지한 빗물의 양에 따라 와이퍼 구동신호를 LIN통신으로 받아 Low/High 릴레이를 제어한다. 와이퍼 파킹동작(앞 유리 하단복귀)용 파킹 전원에 의해 기계식으로 동작되며, 레인센서 구동특징은 다음과 같다.

2.1.1. 개선 전 로직

① IGN on 후 Auto On 시

-빗물 감지 시(미 감지 5분까지) : Auto off ↔ on시 매회 와이핑

-빗물 미 감지 : 최초 1 회만 구동

② Auto on 후 IGN on 시 와이퍼 1회 구동

③ 빗물 감지(미 감지 5분까지) 볼륨스위치 조작 시(SIow → Fast) 단계별 1회 와이퍼 구동

2.1.2. 개선 후 로직

① IGN on 후 Auto On시 최초 1회만 와이퍼 구동 이후 와이핑 없음

② Auto on 후 IGN On 시 와이핑 없음

③ IGN on 상태에서 와이퍼 On ↔ Off 시 와이핑 없음

④ 볼륨 스위치 조작 시(SIow → Fast) 와이핑 없음

⑤ 원격 시동(블루링크)에 의한 전원입력 시 와이퍼 구동은 하지 않는다.

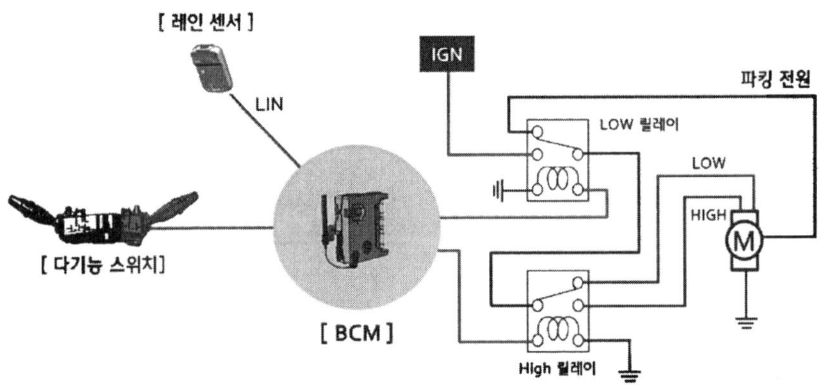

[그림 4-5]

2.2. 와이퍼시스템

와이퍼시스템은 기존과 유사한 제어로 구동되지만 파워 릴레이를 통해 모터 전원을 공급하는 방식에서는 차이를 보인다.

[1] 파워 릴레이 적용목적

① 와이퍼 구동 중 전원 Off시 파킹 위치로 복귀

② 복귀 후 즉시 모터 전원을 차단하여 와이퍼 떨림현상 억제.

③ 블레이드 교환을 위한 서비스 포지션 이동(IGN Off 후 Mist 스위치 3초 이상 동작 시 이동)

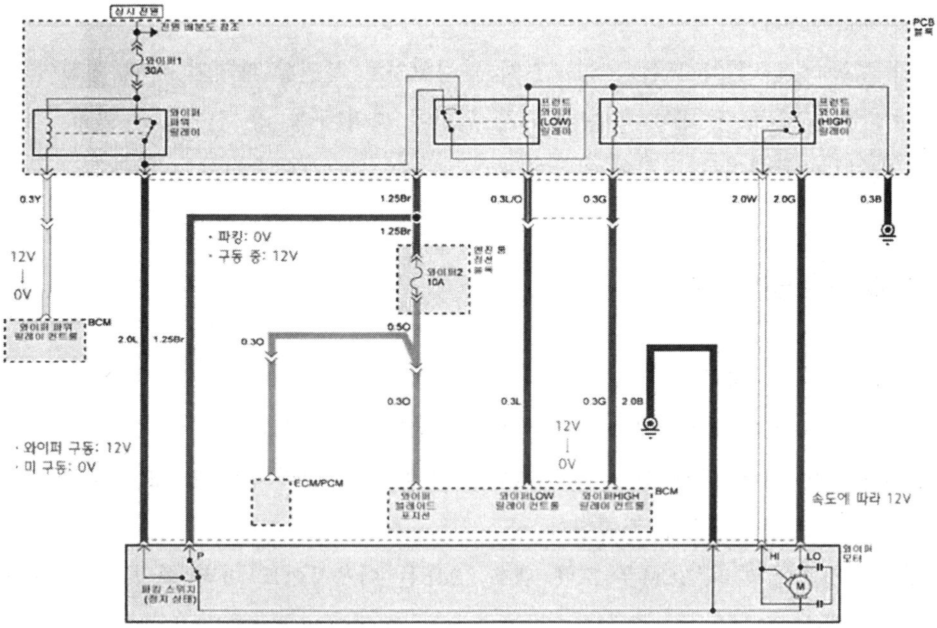

[그림 4-6]

2.3. 와이퍼의 동작순서

[1] 와이퍼 스위치 ON(Low 예)

전압 분배형 다기능 스위치에서 각 모드에 따른 전압 값 입력한다.

[2] 파워 릴레이 구동

BCM이 파워 릴레이를 구동하여 Low(High) 릴레이 및 와이퍼 모터 파킹 스위치로 전원 공급한다.

[3] 와이퍼 Low 릴레이 구동

Low(High) 릴레이를 구동하여 모터로 구동전원 공급한다(High 속도로 구동 시 Low, High 릴레이 동시 제어).

단자명	스위치명		스위치 전체 저항	동작 시 단자전압
와이퍼 스위치	MIST		330Ω	1.24v
	Off		∞Ω	5.0v
	INT / AUTO		800Ω	2.22v
	LO		1800Ω	3.21v
	HI		5700Ω	4.25v
INT 볼륨	INT 볼륨	Vol-1(Fast)	330Ω	1.24v
		Vol-2	690Ω	2.04v
		Vol-3	1310Ω	2.84v
		Vol-4	2610Ω	3.61v
		Vol-5(Solw)	7310Ω	4.4v
백업단자	와이퍼 백업		0Ω	12v
와셔(프런트&리어)	와셔 스위치		0Ω	12v

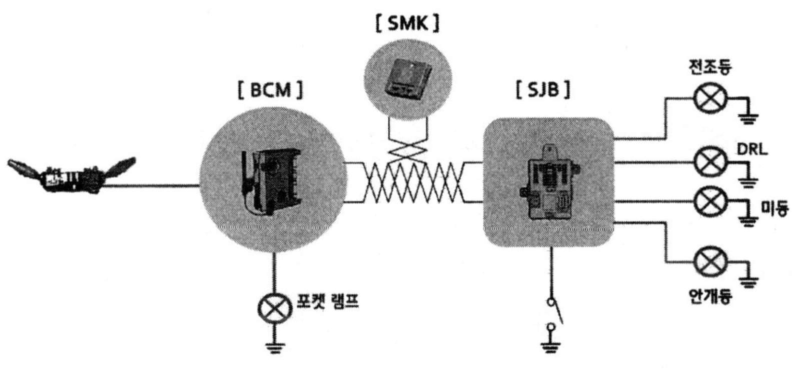

[그림 4-7]

3.2. 외장램프 경고

SJB는 외장램프의 상태를 실시간으로 감지하여 BCM으로 전송한다. 만일 램프의 고장이 발생하면 BCM을 이를 감지하여 운전자가 쉽게 인식할 수 있도록 클러스터를 통해 경고를 수행한다.

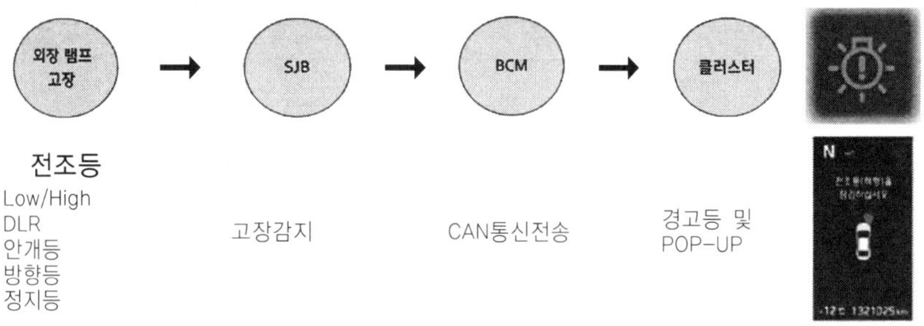

전조등	DRL	안개등	방향지시등	정지등

- 램프 고장 즉시 좌・우를 구분하여 신호전송 및 클러스터에 표시한다.
- 마스터 워닝 경고와 연동

4 ››› PAS(Parking Assist System)의 제어기능

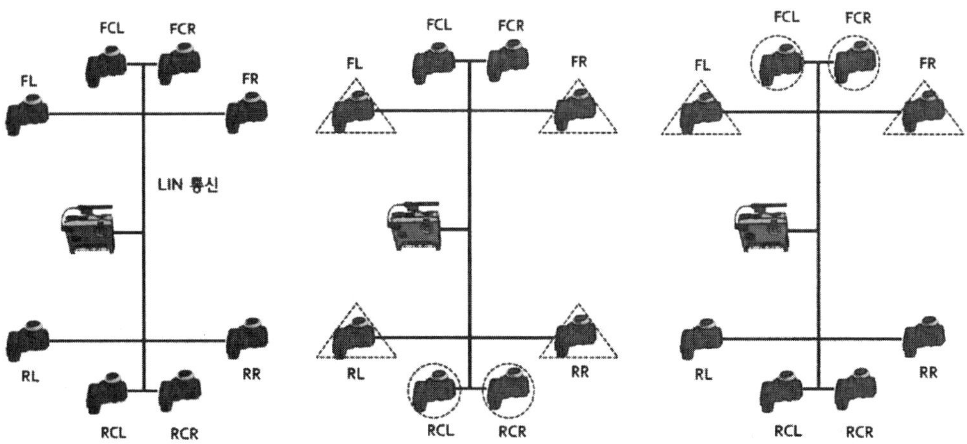

(a) P레인지　　(b) R레인지　　(c) D레인지

[그림 4-8]

변속레버 위치	경보 단계	동작되는 센서
R레인지	1~3차 경보(0~100cm)	RCL, RCR
	2~3차 경보(0~60cm)	FL, FR, RL, RR
D레인지	1~3차 경보(0~100cm)	FCL, RCL
	2~3차 경보(0~60cm)	FL, FR

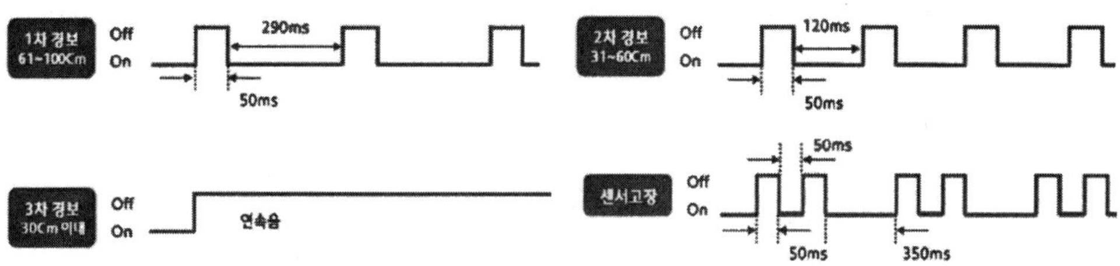

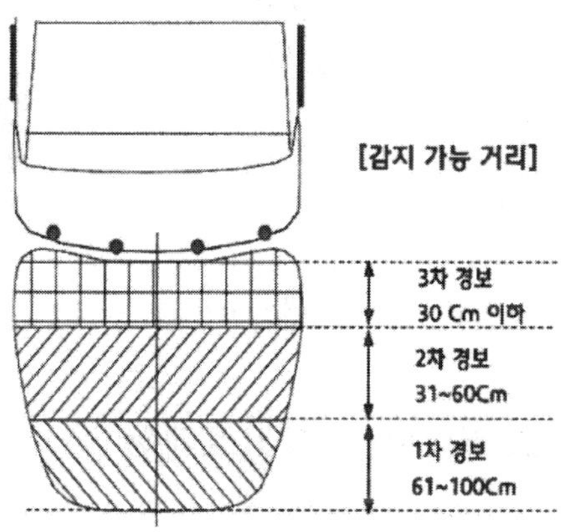

[그림 4-9]

5 ››› 핸들 열선제어

5.1. 핸들 열선 On/Off 제어

① IGN On전원 이상(스위치 On)

② 열선 동작온도 NTC 전압 2.18V 이하(40℃ 이하)일 때

③ 열선 차단온도 NTC 전압 2.17V 이상(41℃ 이상)일 때

④ 동작시간은 열선 스위치 On작동 후 30분이 경과되면 자동으로 Off된다.

5.2. 핸들 열선 전원 제어

12.4A 이상의 과전류가 흐를 경우와 2.5A 이하로 저전류가 흐를 경우 스위치 내부의 표시등이 점멸한다. 뒷 유리 열선의 경우 시동 on 후(발전기신호) 뒷 유리 열선 스위치를 누를 때 동작하며 앞 유리 성애제거용 열선의 경우 뒷 유리 열선과 함께 구동된다.

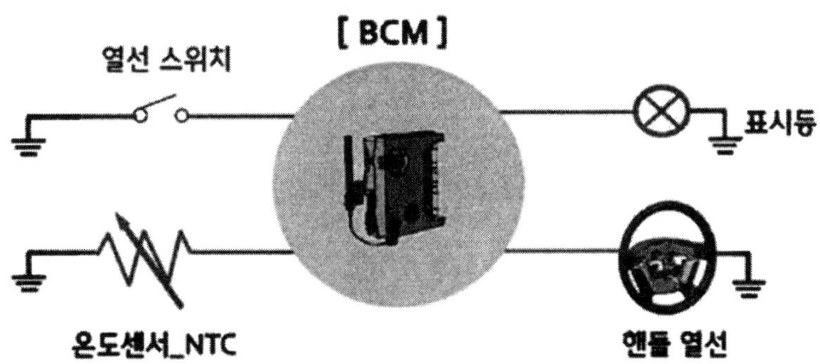

[그림 4-10]

6 스마트 트렁크 및 웰컴 라이트제어

6.1. 동작

스마트 트렁크와 웰컴기능의 동작순서는 동일하며 다음과 같다.

① 리모컨 록 신호입력 시

- 경계 진입조건 만족.
- ARM Wait 진입 및 진입신호 전송(CAN통신).

② CAN통신 신호(ARM Wait 진입) 수신 후 기능 동작을 위한 안테나 구동(타이머 시작)

③ 실내 안테나 구동(2초에 3회 구동)

- 실내 스마트키 미 감지 시 기능 동작됨.

- 감지 시 : 무력화 기능수행 → 기능 진입불가 → 경계진입은 가능

④ 외부 안테나 구동(3초에 한번씩 3회 구동 총 9초 필요) : 운전석, 동승석 아웃사이드 핸들 안테나 및 범퍼 안테나 구동

⑤ 약 11초 동안실내 및 외부안테나 구동 후 스마트키가 감지되지 않을 경우 기능 진입

⑥ 웰컴기능 : 운전석, 동승석 아웃사이드 핸들 안테나에 스마트키 감지 시 동작

⑦ 스마트 트렁크 : 범퍼 안테나에 스마트키가 3초 이상 감지 시 인증 후 트렁크 열림 신호 전(CAN통신).

⑧ 두 기능을 모두 사용할 경우 아웃사이드 핸들과 범퍼 안테나는 240ms 주기로 번갈아 구동하며, 최장 7일까지 기능을 사용할 수 있다(배터리 방전 예방).

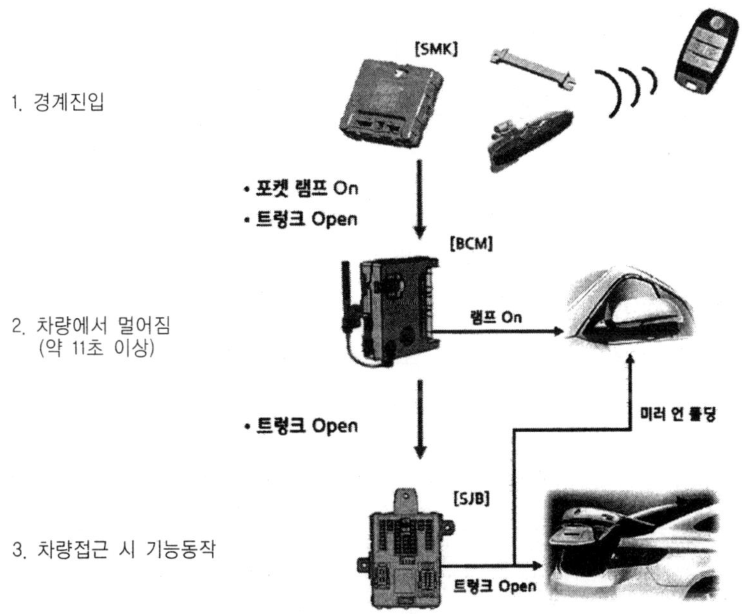

[그림 4-11]

7 송풍시트 제어

7.1. 송풍시트 제어의 개요

운전자의 체온이 전달되는 시트 면을 쾌적하게 유지하기 위해 난방과 송풍을 위해 열선 및 송풍을 3단 제어한다.

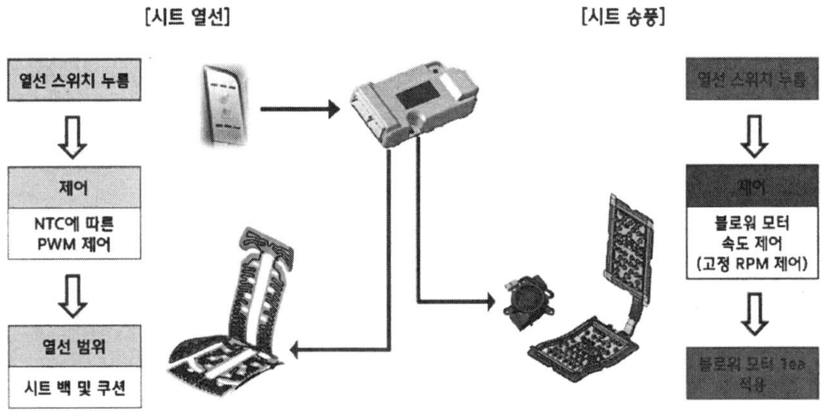

[그림 4-12]

7.2. 시트 열선제어의 기능

시트 열선스위치 신호가 입력되면 온도센서(NTC)의 입력에 따라 목표 온도까지 듀티 제어를 실행하여 시트의 온도를 제어한다.

[표 4-6]

단 수	목표 온도	NTC저항	NTC 전압	최대 소비전류
1단	32℃	6.44kΩ	3.08V	7.94±10%
2단	37℃	3.92kΩ	2.56V	
3단	42℃	2.87kΩ	2.21V	

7.3. 시트 송풍제어의 기능

각 단의 블로워 모터 회전수(RPM)는 고정방식이므로 시트에 가해지는 부하에 따라(앉은 상태) 듀티 제어 값이 다르다. 또한 하나의 모터로 시트 쿠션과 등받이의 송풍을 제어한다.

[표 4-7]

단 수	목표 회전수	작동 전류	모터형식
1단	2300rpm	최대 1A	BLDC타입
2단	2750rpm		
3단	3000rpm		

7.4. 자기진단 기능

송풍시트는 진단장비와 통신기능이 없다(자체 진단기능) 진단방법은 다음과 같이 진행한다.

① IGN On

② 열선 스위치를 3초 이상 누른다.

③ 3초 이내 쉬고, 다시 1.5~3초 누른다.

④ 3초 이내 쉬고 다시 3초 이상 누른다.

⑤ 열선 부 3개의 LED가 한번 점멸 후 진단시작(고장발생 시 열선 LED 2회 점멸 패턴으로 표시)

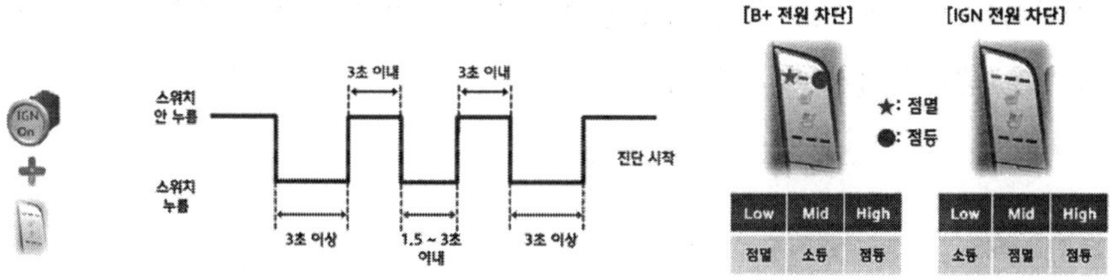

[그림 4-13]

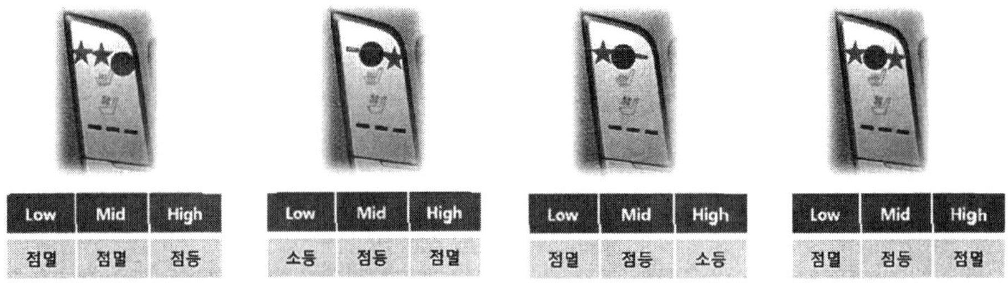

(a) 저·과전압 감지 (b) NTC 열선단선 (c) NTC 열선단락 (d) 목표 온도 미달

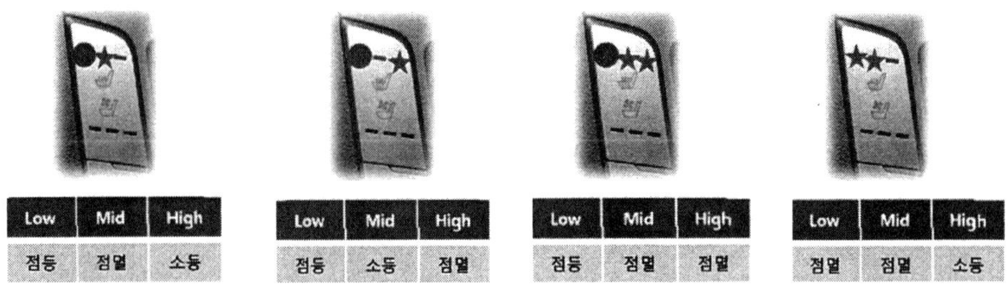

(e) 모터 전원단선 (f) 모터 전원단락 (g) 모터 신호선단선 (h) 모터 신호선 단락

[그림 4-14]

8 무선충전(Wireless Power Charger)시스템

8.1. 무선 충전시스템의 개요

전원공급 전극의 접촉이 없이 휴대폰에 자동차의 전력을 전달하여 휴대전화의 배터리를 충전하는 시스템으로 전원 충전방식이 무선이기 때문에 고객사용의 자유도가 높아 편의성을 증대시키기 위한 편의장치이다.

[표 4-8]

	유선충전	무선충전
기기 사용 예	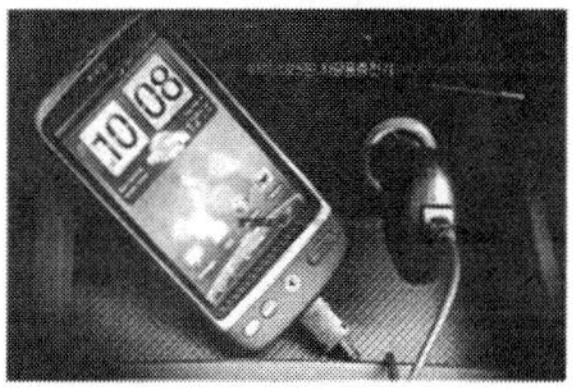	
	충전기 커넥터 연결충전	커넥터 없이 패드에 올려두면 충전
장점	저 코스트 전자파 발생 적음 보편적인 표준화	기기의 방수가능 내 오염성 움직임 및 자유도 높음
단점	커넥터 연결과정 필요 전원선의 꼬임, 얽힘 등이 발생	유선방식대비 고 코스트 표준화가 안됨(WPC, PMA, A4WP 등)

8.2. 무선 충전시스템의 주요 기능

무선충전(Wireless Power Charger)시스템은 기아자동차 및 현대자동차에 최초로 적용 되었으며 자기유도방식을 이용하여 방전된 스마트폰을 패드 위에 올려놓으면 배터리를 충전시켜 주는 기능을 한다.

그 외 기능으로 핸드폰 방치 알림 및 과열방지, 이물질감지, 스마트키 간섭방지 등의 기능을 작동하여 원활한 충전을 유지하고 타 시스템에 영향을 최소화하기 위한 기능이 적용이 되었다.

[표 4-9]

주요기능	설 명
USM설정	USM 항목에서 충전 기능 ON/OFF 선택(기본설정)
과열 방지	과열시 충전 중단
이물질 감지	동전 등 이물질 감지 시 충전 중단 송·수신 전력 1.4W 이상 차이 발생 시 이물질이 있다고 감지하고 무선충전 중지
스마트키 간섭방지	SMK가 스마트키를 찾을 때 전파 간섭 방지를 위해 충전 중단
핸드폰 방치알림	ACC Off 상태에서 핸드폰 방치 시 경보 문구 출력

8.3. 무선충전의 작동원리

전기장을 자기장 유도에 의해서 전력을 전달한다(패러데이법칙 이용).

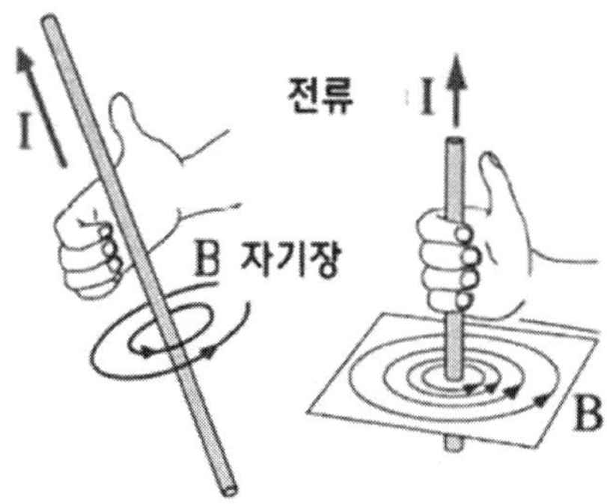

[그림 4-15]

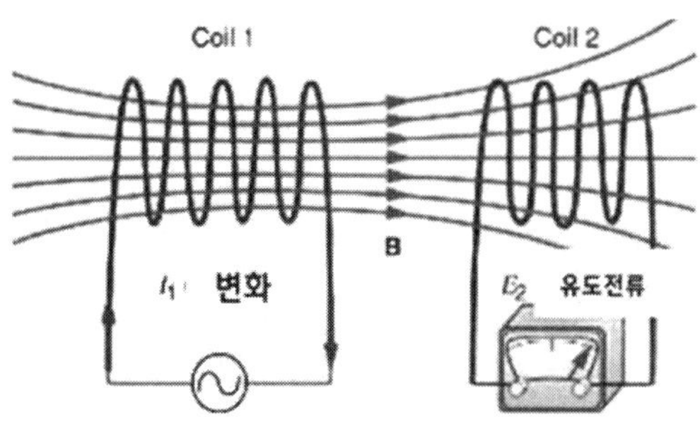

[그림 4-16]

8.3.1. 무선 전력 송신원리

① 1차 코일에 전류가 흐르면 자계가 형성된다.

② 2차 코일에도 상호유도작용에 의하여 자계가 형성된다.

③ 상호유도작용에 의한 자계에 의해 유도된 전류가 발생한다.

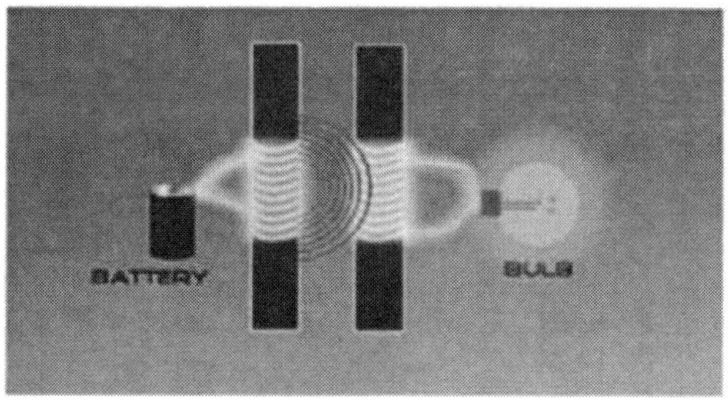

[그림 4-17]

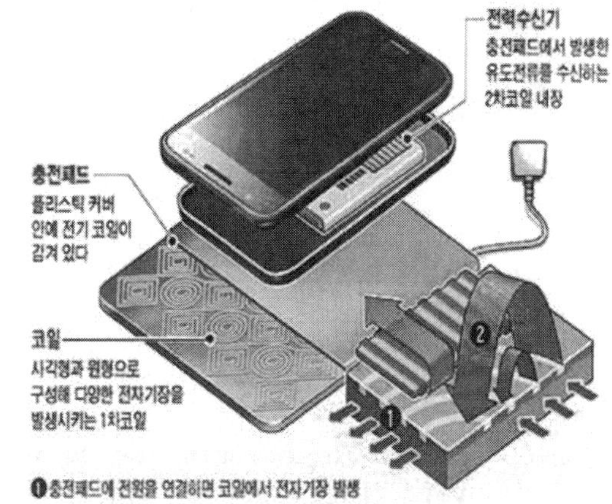

(a) 전자기 유도방식(짧은거리 전송)

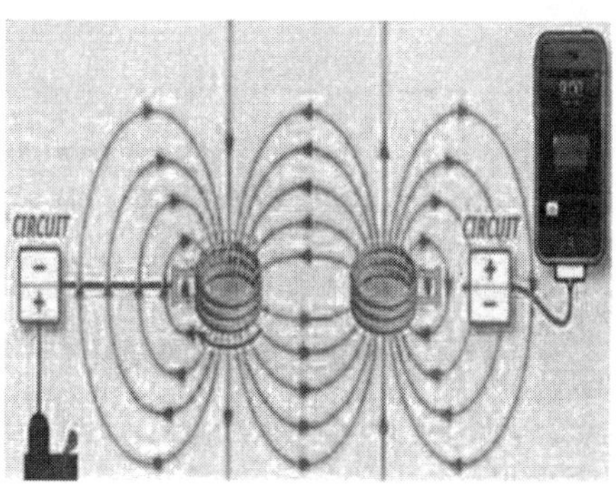

(b) 자기공진방식(먼거리 송신)

[그림 4-18]

8.3.2. 시스템의 구성도

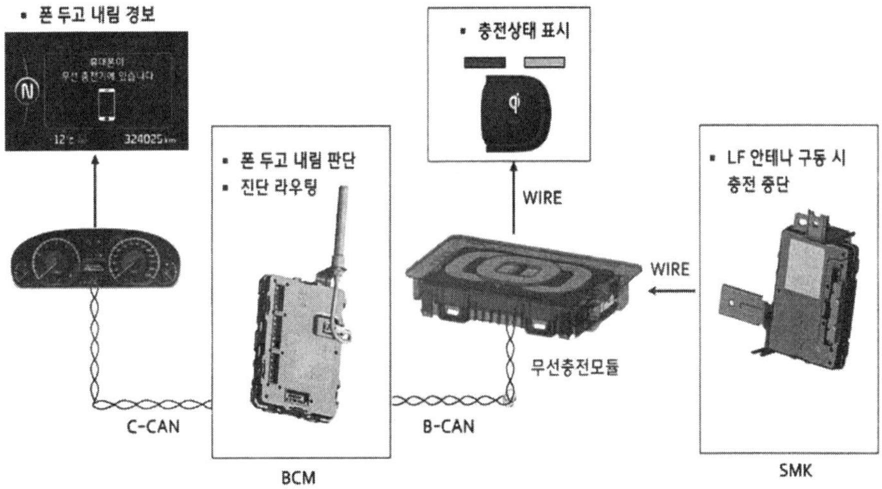

[그림 4-19]

8.3.3. WPC의 커넥터 입·출력

[표 4-10]

핀 번호	핀 명칭	입/출력	핀 번호	핀 명칭	입/출력
1	B+	입력	7	-	-
2	ACC	입력	8	LED 녹색	출력
3	-	-	9	LED 황색	출력
4	SMK 충전중단 요청신호	입력	10	경고등 작동	출력
5	B-CAN_HI	입·출력	11	-	-
6	B-CAN_LO	입·출력	12	GND	출력

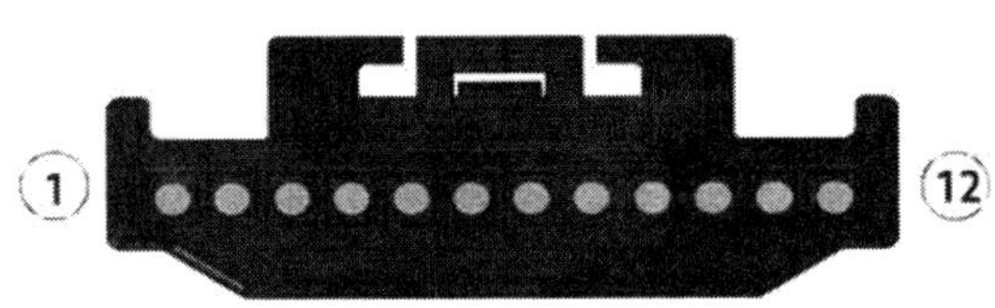

8.3.4. WPC의 단품구성

무선 충전기와 핸드폰의 중전 가능한 무선충전 PAD 상면에서 핸드폰 수신코일 까지 거리(상하)는 4mm이다.

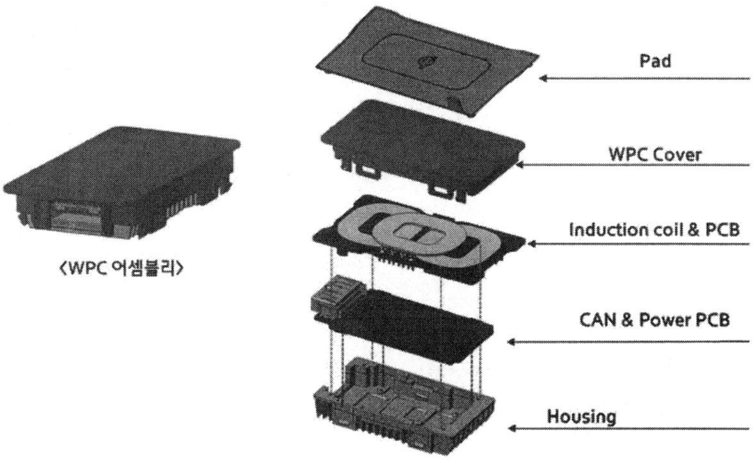

[그림 4-20]

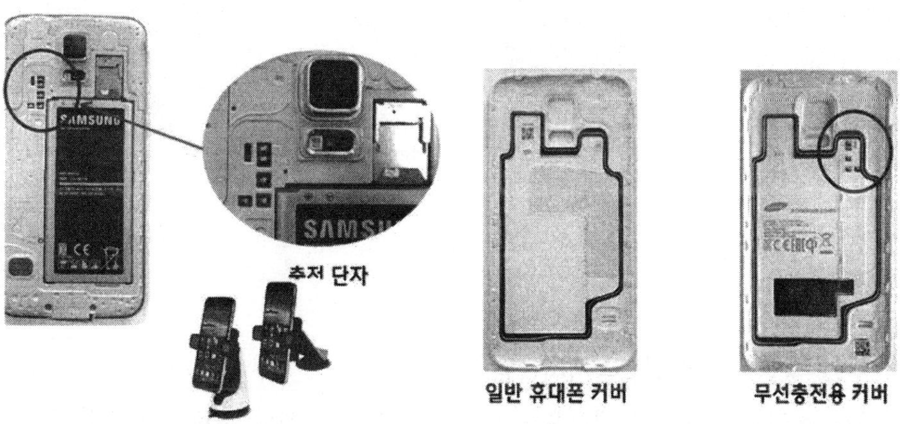

(a) 휴대폰 (b) 휴대폰 커버

[그림 4-21]

8.3.5. 무선충전 흐름도

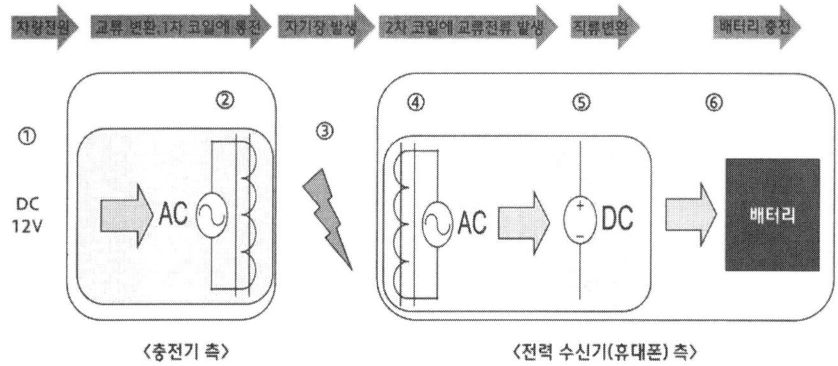

[그림 4-22]

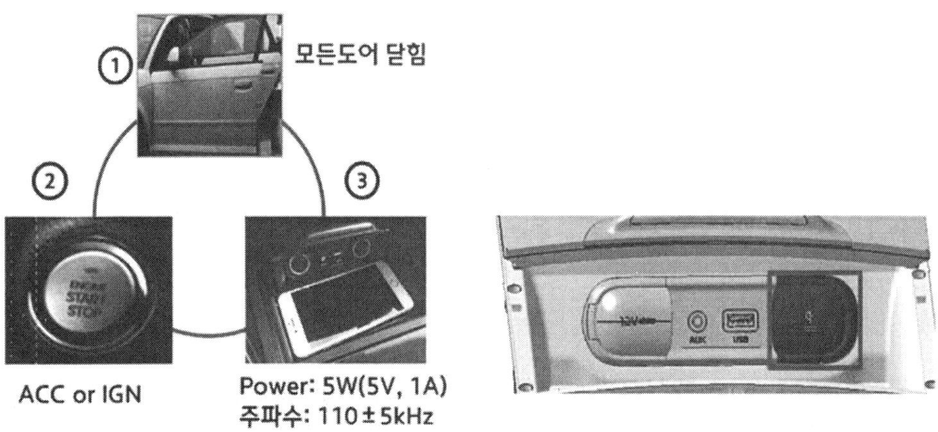

(a) 충전조건 (b) 황색 & 녹색 LED점등

[그림 4-23]

8.3.6. 무선 충전장치의 과열방지시스템

① 무선 충전모듈 내부의 센서온도가 70℃ 이상 상승하면 휴대폰 보호를 위해 충전을 중단한다.

② 온도센서 온도가 65℃ 이하로 하강하여 충전기능 재 작동된다.

③ 충전중인 휴대폰의 온도가 40℃ 이상이면 WPC에 충전중단 요청신호를 보내고 충전을 중지시킨다.

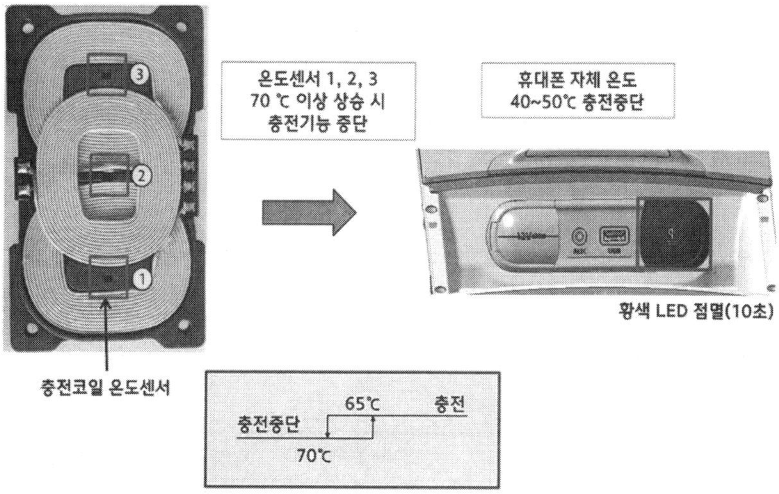

[그림 4-24]

④ 인디케이터의 황색 LED가 1초 간격으로 10회 점멸(50초 후 재확인)한다.

⑤ 일정 온도 이하에서 충전기능 작동 시 인디케이터는 황색 LED점등으로 정상 작동된다.

8.3.7. 무선 충전장치의 이물질 감지시스템

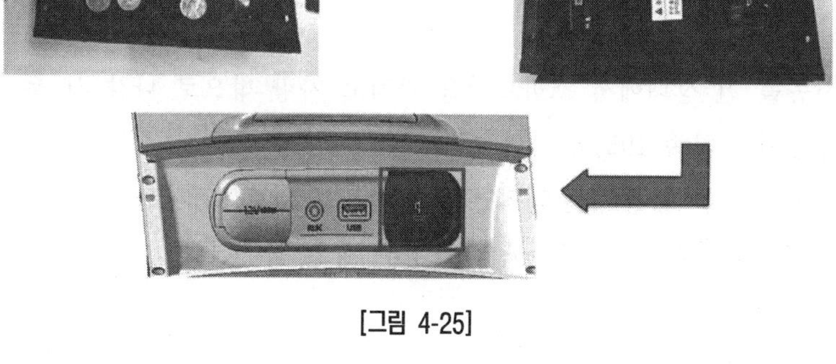

[그림 4-25]

① 무선 충전 모듈과 휴대폰사이에 동전 및 기타 금속성 물질이 존재할 경우 충전을 중단한다. 중단 조건은 전력 손실이 1.4W 이상 발생할 경우이다.

② 인디케이터 상의 황색 LED 1초 간격으로 10회 깜빡거린다.

③ 이물질이 감지되고 휴대폰 충전중단이 될 경우에 이물질을 제거 시 충전이 재개된다.

④ 인디케이터는 충전 중을 알리는 황색 LED가 점등된다.

8.3.8. 무선충전 중단조건

[표 4-11]

충전 중단조건	해제 조건	인디케이터 점등 상태
전도어 열림시	전도어 닫힘시	LED OFF
스마트키 외부로 이동시	스마트키 내부로 이동시	LED OFF
금속등 이물질 검출시	이물질 제거시	황색 LED 점멸 10초
온도센서 70℃ 이상 일시	온도센서 65℃ 이하 시	황색 LED 점멸 10초
ACC OFF 일때	IG ON 또는 ACC일 때	LED OFF

8.3.9. SMK 주파수 간섭방지시스템

① SMK가 실내 안테나 구동 시 주파수가 125KHz이고 WPC가 충전하기 위해 110 KHz를 사용한다.

② 무선 충전 주파수와 SMK 주파수 대역의 간섭을 피하기 위하여 주파수 차이를 둔다.

③ Door가 열린 상태이거나 SMK LF 안테나가 동작상태일 경우 무선 충전을 중단한다.

- 시동을 건 상태에서 스마트키를 가지고 차량 밖으로 나갈 시 무선충전 기능 중단된다(차속 10kph 이하일 때).

④ 충전 중일 경우 충전이 중단되면서 황색 LED가 Off된다.

⑤ SMK LF안테나가 동작 종료되었을 경우 정상 작동된다.

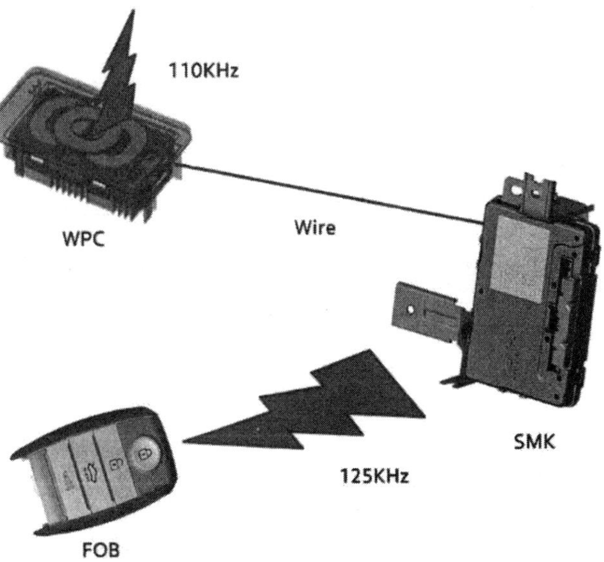

[그림 4-26]

8.3.10. 무선 충전방식의 기술비교

[표 4-12]

구 분	전자기 유도방식		자기공진 방식
표준현황	WPC(Wireless Power Consortium)	PMA(Power Matters Alliance)	A4WP(Alliance for Wireless Power)
주파수	110~205kHz	250~350kHz	6.78MHz
효율	Max 〉 70%		Max 〉 40%
장점	고효율 구현이 쉬움	주요 특징은 WPC와 유사 A4WP와 표준 통합	멀티충전가능. WPC 대비 넓은 충전범위(50mm 이하)
단점	짧은 충전거리(12mm 이하) 주변금속 배치시 효율저하 발생	짧은 충전거리(3mm 이하) 주변금속 배치시 효율저하 발생 북미시장 위주	저효율(~40%) 주변 부품간에 간섭발생 법규(EMC, Energy save)
표준화 진행현황	-5W표준 제정완료(Qi 표준) -15년3/4분기WPC 2.0 (Medium Power 15W 표준) 개발계획 -추후 WPC 1.2(공진)으로 확대 계획	-표준제정 없음 스펙 업데이트 중 -15년 이후 15W표준 개발 계획 -A4WP와 협력하여 공진기술 확대 계획	-표준 제정완료(Rezence 표준) -SOW 표준계획 발표 -자기유도방식 PMA와 협력하여 진행계획

8.3.11. 고장진단 코드 및 센서 데이터

DTC	코드명	Set Condition	DTC 기억
B 160200	CAN 에러	CAN 트렌시버 에러	o
B 160300	CAN Bus OFf	CAN High/Low Short CAN B+/GND Short	o

고정 출력 | 전체 출력 | 그래프 | 항목 선택 | 최대/최소 초기화 | 저장 | 정지 | 그룹 | 가상차속

센서명	센서값	단위
충전 전압	4.08	V
충전 전류	1.729	A
충전 전력	6.860	W
배터리 전압	13.04	V
ACC 입력 전압	13.20	V
ACC 전원	ON	-
충전상태등(황색) On/Off	ON	-
충전상태등 (황색) 깜박임	OFF	-
충전상태등(녹색) On/Off	OFF	-
스마트키 주파수 간섭 상태	OFF	-
충전 상태	Charging	-

9 ››› 클러스터 모듈(Cluster Module)

9.1. 클러스터 모듈의 개요

클러스터는 옵션에 따라 3가지 사양으로 구분된다.

[1] TFT방식

Thin Film Transistor의 약자로 낮은 소비전력에 비해 색의 표현이 우수하며 고해상도의 얇은 대면적 화면을 구현할 수 있다.

[2] Mono TFT

16색으로 LCD를 표현하여 TFT방식에 비해 색감은 떨어지나 저 비용으로 많은 정보를 표현할 수 있다.

9.2. 주요 기능 및 특징

① 파워트레인 CAN통신 및 멀티미디어 CAN통신 중계기 역할을 한다.

② 문자경보 및 디스플레이 제어(PAS 및 동작 상태 표시).

③ 클러스터의 각종 경고등 및 경고음 제어(직접제어 및 CAN 신호입력 제어).

④ 엔진 시동 신호(발전기) 전송(바디전장에서 사용).

⑤ 차속신호 출력(CAN통신이 구성되지 않은 모듈로 입력).

⑥ 사용자 설정(USM) 기능.

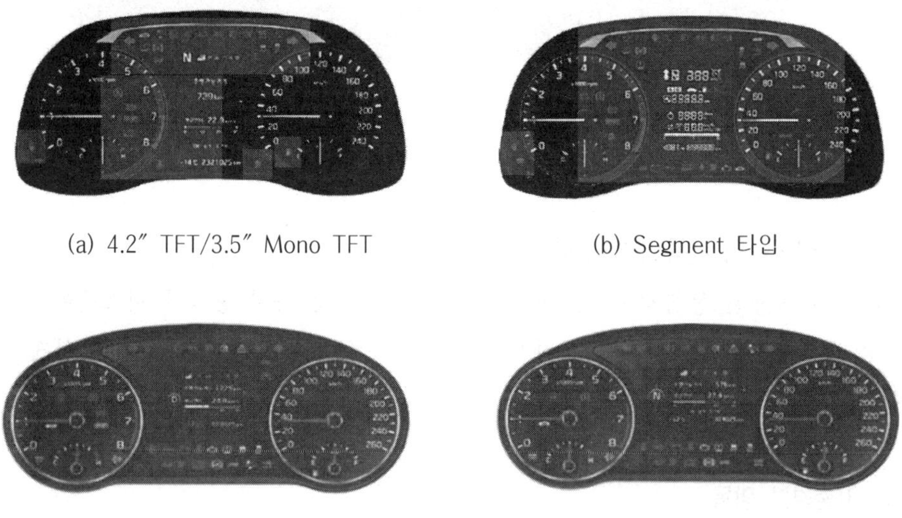

(a) 4.2″ TFT/3.5″ Mono TFT

(b) Segment 타입

(c) 3.5″ Standard

(d) 4.3″ Super vision Cluster

[그림 4-27]

9.3. 경고 및 경고등

클러스터는 오디오 사양에 따라 경고음을 다른 방법으로 출력한다.

[1] 외장앰프 적용(AVN사양)

외장앰프를 통한 방향성 경고(입력신호 멀티미디어 CAN통신으로 전송) PAS, BSD, RCTA, LCA, LOWS

[2] 내장앰프 적용(일반 오디오)

클러스터 자체 스피커 출력 및 BCM자체 부저로 경고(PAS)

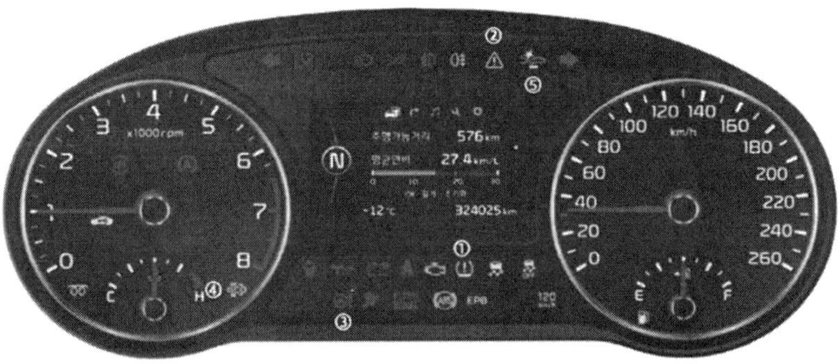

① TPMS 고장경고 ② 마스터 워닝 ③ MDPS 고장표시 ④ DPF 경고 ⑤ AEB 고장 경고

[그림 4-28]

9.3.1. 마스터 워닝(통합경보)시스템

차량에 적용된 통합경보 시스템(마스터 워닝)은 몇 가지 중요한 시스템에서 고장이 발생 되었을 때 클러스터를 통해서 경보를 해 주는 기능으로 운전자가 쉽게 확인할 수 있게 해당 정보를 제공하고 있다.

[1] 표출경보 항목

BSD, TPMS, ASCC시스템 이상, ASCC 레이더 이상, AEB, 램프고장, VDC

[2] 표출방법

마스터 워닝램프 점등조건이 되었을 때 10초간 해당시스템의 팝업을 띄우고 팝업이 사라지면 마스터 워닝램프를 그룹 표시 열 서비스 리마인드 위치에 점등시킨다.

[3] 운전자 확인방법

SWRC(Steering Wheel Remote controlier) 메뉴 버튼을 이용하여 확인이 가능하다.

9.4. 트립 컴퓨터

9.4.1. 트립 컴퓨터의 개요

일정시간 동안 소비되는 연료의 평균값을 표시하고 순간연비를 8Km/h 이상으로 주행 시 600ms 동안 입력된 연료 및 거리를 기준으로 연산하여 1.5초 주기로 표시하고 잔존 연료량을 기준으로 과거의 주행패턴(학습연비)으로 주행할 경우 이동할 수 있는 거리를 표시하는 기능이다.

9.4.2. 평균연비

[표 4-13]

Reset조건 USM	계산방법
수동 초기화	10 초 주기로 초기화
운행할 때마다 초기화	초기화 후 300m 주행 이후 표시
IGN Off 4시간 후 자동 초기화	$\text{평균연비(Km/L)} = \dfrac{\text{누적주행거리(Km)}}{\text{누적연료소비량(L)}}$
주유할 때마다 초기화	

9.4.3. 순간연비

8Km/h 이상으로 주행 시 600ms 동안 입력된 연료 및 거리를 기준으로 연산하여 1.5초 주기로 표시한다.

$$\text{순간연비(Km/L)} = \frac{\text{600ms 동안 주행한 거리(Km)}}{\text{600ms 동안 소비된 연료량(L)}}$$

9.4.4. 주행가능 거리

잔존 연료량을 기준으로 과거의 주행패턴(학습연비)으로 주행할 경우 이동할 수 있는 거리를 표시한다.

주행가능 거리는 1Km까지 표시되며 1Km 이하시는 [- - -]로 표시된다.

[표 4-14]

주행가능 거리계산	클러스터 전원차단 시
1초 주기로 갱신하여 표시	초기화 후 계산 : 고정연비 × 연료잔량
계산방법	고정연비
주행가능 거리= 학습연비×연료잔량	가솔린 : 평균 11Km
학습연비= (고정연비×0.5)+(주유와 주유사이연비×0.5)	디젤 : 평균 15Km

10 HUD(Head Up Display)시스템

10.1. HUD(Head Up Display)시스템의 개요

HUD는 주행 중 운전자가 시선 이동을 최소화하여 차량 정보를 확인할 수 있도록 윈드쉴드 글라스 전방에 각종 정보를 디스플레이 함으로써 주행 안전성 및 편의성을 제공하는 시스템이다.

HUD ECU는 HUD 모듈 내부 디스플레이 아래에 일체형으로 조립되어 있다. HUD ECU는 차량 시스템으로부터 수신 받은 C CAN(차속, SCC, ECO, 조명)정보와 B CAN(시트벨트, 하이빔, NAVI 방향지시, 연료경고등, 오토라이트센서)정보를 운전자가 설정한 조건에 따라 운전자 전면의 윈드쉴드 글라스에 영상으로 표시한다.

[그림 4-29] HUD(Head Up Display)시스템

10.2. HUD(Head Up Display)시스템의 작동

HUD시스템은 자동차 시동 후 HUD시스템 스위치를 ON하면 차량에 정보(차속, SCC, 조명 정보는 C. CAN에서. 시트벨트, 상향등, 내비게이션, 오토라이트 정보는 B. CAN에서) 헤드업 디스플레이모듈이 정보를 받고 HDU표시등을 ON/OFF하여 앞 윈도우 상에 정보를 표시하게 된다. 이때 HUD 내부에서는 각종정보는 CPU와 EEPROM의 정보를 공유하며 미러제어 LED제어 TFT-LCD 등을 통하여 전면에 투영이 된다.

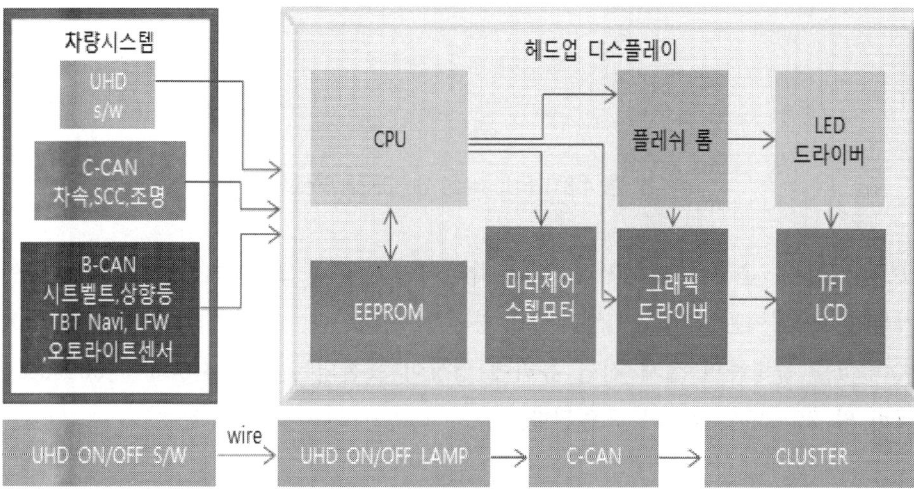

[그림 4-30] HUD(Head Up Display)시스템의 블록도

10.3. HUD(Head Up Display)시스템의 기능

HUD의 주요 기능은 전면 유리의 주시야 선상에 안전운전에 필요한 다음의 정보 LDWS 경고 SCC, 설정속도, 내비게이션, 차속, 도로정보표시, BSD후측방 경보, 등을 나타나게 하여 운전 중에도 전방을 주시하면서 쉽게 주행정보를 파악할 수 있도록 한다.

전면유리에 투영원리는 표시되는 영상을 여러 개의 미러로 반사 윈드쉴드 글라스를 통과하여 차량 전방에 가상 이미지를 표시한다. IG ON시 HUD영상 출력은 스위치 ON, OFF와 무관하며, IG OFF이전 상태를 기억하여 실행해 준다.

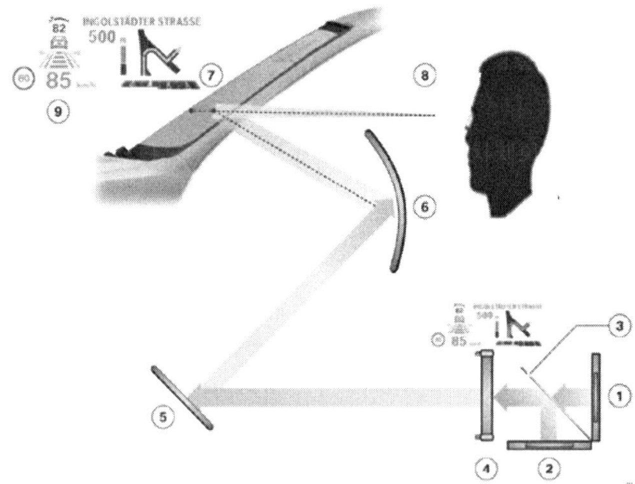

[그림 4-31] HUD(Head Up Display)시스템

HUD 영상은 운전자 측에서만 영상 확인이 가능하며 그 외의 좌석에서는 확인이 불가하다. 아래에는 영상이 전면에 투영되는 원리이다. 표시기의 밝기는 20.000~30.000cd를 출력하며 실제 전면 유리에 영상이 표현되는 대는 6.000~7.000cd로 출력대비 약 20~30% 정도가 표출된다.

[표 4-15] HUD(Head Up Display)시스템의 구성

UHD Display					
1	LED Green	2	LED Red	3	투명 유리
4	TFT 투영 디스플레이	5	평면 유리	7	곡면 유리
7	윈도우 스크린	8	관측 포인터	9	투영 이미지

10.4. HUD(Head Up Display)시스템의 구성

HUD 구성으로는 헤드업 디스플레이 모듈, 윈드쉴드 글라스, 클러스터, 메뉴스위치, HUD작동스위치, 등으로 구성 되어 있다.

10.4.1. 헤드업 디스플레이

헤드업 디스플레이는 HUD의 컴퓨터 모듈로서 각각의 정보를 각종 통신을 이용하여 제공받아 영상으로 이미지를 구현하여 전면유리에 영상을 볼 수 있도록 하는 중요한 역할을 한다. 장착위치는 크러쉬 패드 좌측 클러스터 뒤쪽에 장착되어 있다. 차량의 진동과 충격으로부터 HUD를 보호하기 위하여 차체와는 러버를 이용 장착되어있다.

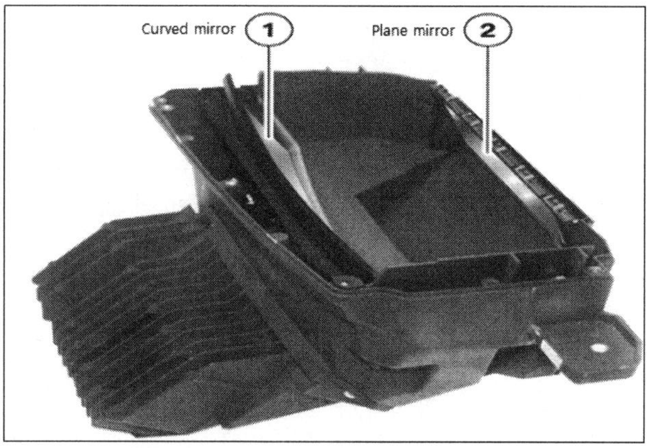

[그림 4-32] HUD(Head Up Display) 모듈

10.4.2. 윈드쉴드 글라스

① 윈드쉴드 글라스는 헤드업 디스플레이 전용 윈드쉴드 글라스로 이중상 제거필름이 적용되어 있다.

② 윈드쉴드 글라스에 썬팅 필름 부착시 영상 품질이 저하될 수 있다.

③ 운전자가 편광 선글라스 착용시 영상이 왜곡되거나 어둡게 보일 수도 있다.

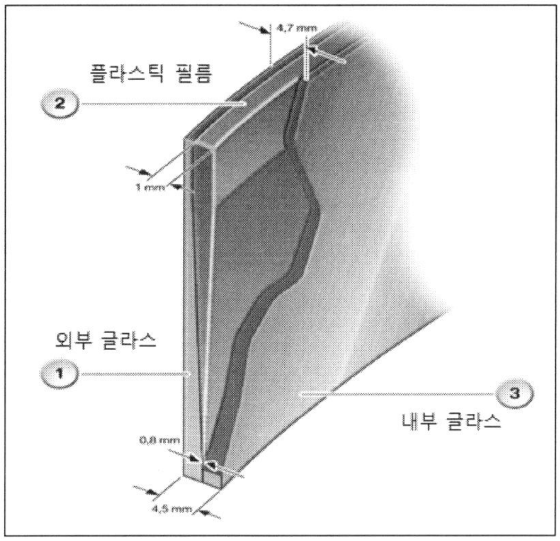

[그림 4-33] HUD(Head Up Display) Windscreen 윈드쉴드 글라스

10.4.3. 클러스터(Cluster Module)

차량 계기 및 정보 표시장치로서 C-CAN과 MM-CAN통신이 적용되었으며, 각종 정보를 다이렉트 및 CAN신호로 입력받아 TFT LCD화면 및 문자판에 차량정보를 알기 쉽게 표시하였다.

① 사용자설정 : HUD 설정, 등을 정보 표시창에 표현해 준다.

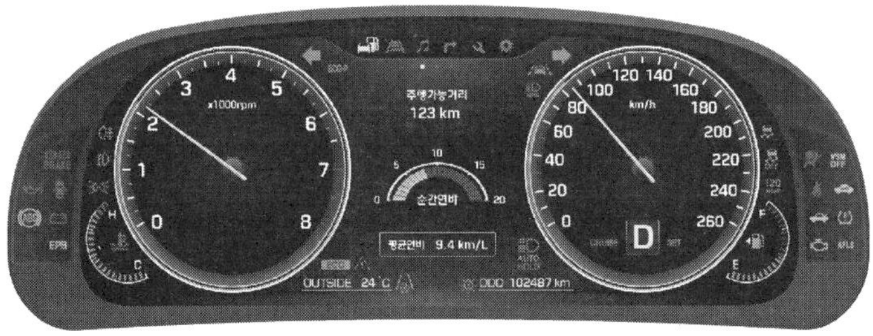

[그림 4-34] HUD(Head Up Display) 클러스터(Cluster Module)

10.4.4. 메뉴스위치, HUD작동스위치,

HUD작동스위치는 HUD를 ON, OFF용으로 쓰이며 운행자의 의지에 따라 작동과 비작동을 결정한다. 또한 메뉴스위치는 화면의 밝기조절과 영상의 높낮이 등을 조절할 수 있다.

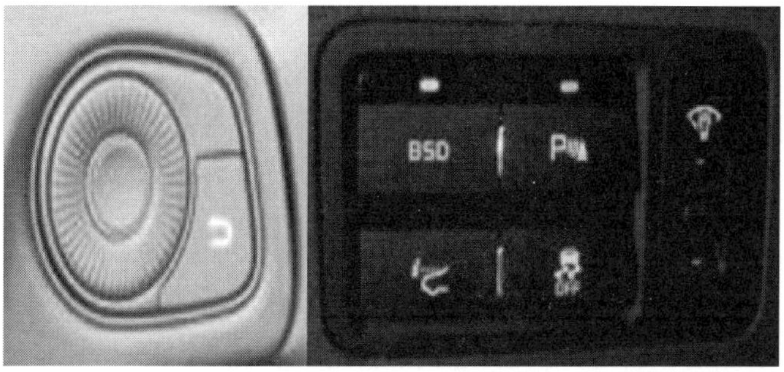

[그림 4-35] HUD(Head Up Display) 메뉴스위치 HUD작동스위치

10.5. HUD(Head Up Display)시스템의 점검

HUD(Head Up Display)시스템은 진단기기의 자기진단 기능(고장코드, 센서 입·출력값, 액추에이터 강제구동 등)을 통해 고장부위를 좀 더 신속히 파악할 수 있다. 진단기를 이용 차종 및 사양을 선택하고 점검하고자 하는 시스템을 선택한다. 입출력 값에 대한 현재 상태를 한다면 서비스 데이터를 선택한다. 필요시 시뮬레이션 기능을 이용하여 각 단품의 이상 유무를 확인할 수 있다.

CHAPTER 05 Driving safety device Convenience device System

바디전장시스템

1 바디전장

1.1. 바디전장의 주요기능

운전자 또는 승객이 조작하는 도어 록, 라이트제어 등의 기능은 BCM이 총괄제어하며 SJB 및 SMK는 각종 스위치 감지 및 출력 그리고 승객 인증을 감지하여 바디 CAN통신을 통해 기능이 제어된다.

SJB	BCM	SMK
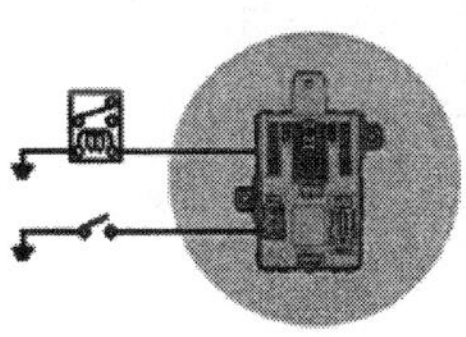	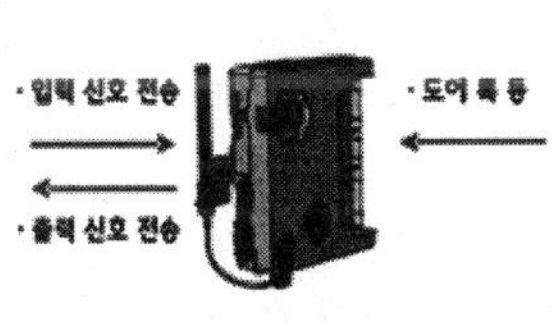	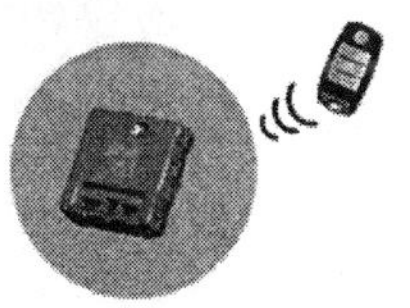
- 스위치 감지 및 BCM에 전송 - BCM 신호에 의안 부하 구동	- 신호조합 및 동작로직 판단 - 일부 스위치 및 부하제어	- 스마트키 인증 후 승하차 제어 - 인증 후 전원제어(SMK 제어)

2 통합형 게이트웨이 모듈(IGPM : Integrated Gateway Power Control Module)

2.1. 통합형 게이트웨이 모듈의 개요

스마트 정션박스(SJB)와 센트럴 게이트웨이(CGW)를 하나의 모듈로 통합한 실내 정션박스(IGPM)이다. 차량의 전자제어시스템이 증가됨에 따라 통신성능의 향상 및 효율적인 네트워크 관리의 필요성은 더욱 중요해지고 있다. HI차량의 네트워크시스템은 종 6개 채널로 구성되어 있으며, 기본적으로는 각 채널별로 독립적인 기능을 수행하도록 되어 있지만 제어목적에 따라 다른 네트워크에 연결된 제어기의 정보를 필요로 하는 경우가 많다.

HI 차량에는 중앙 집중형 게이트웨이(CGW : Central Gate Way)를 적용하여 차량통신 네트워크시스템을 관리하고 있다.

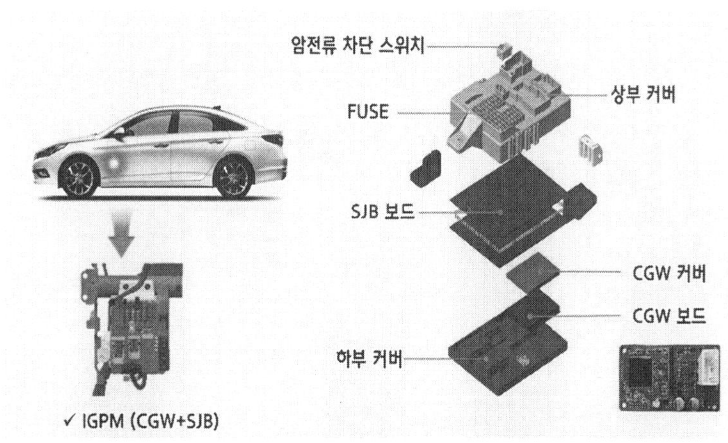

[그림 5-1] 통합형 게이트웨이 모듈

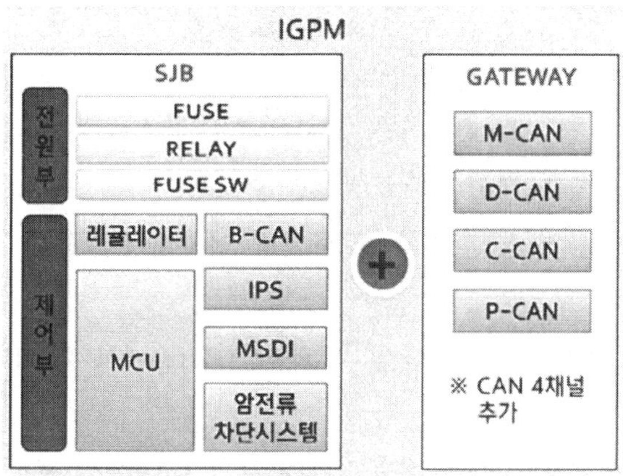

[IGPM 블록다이어그램]

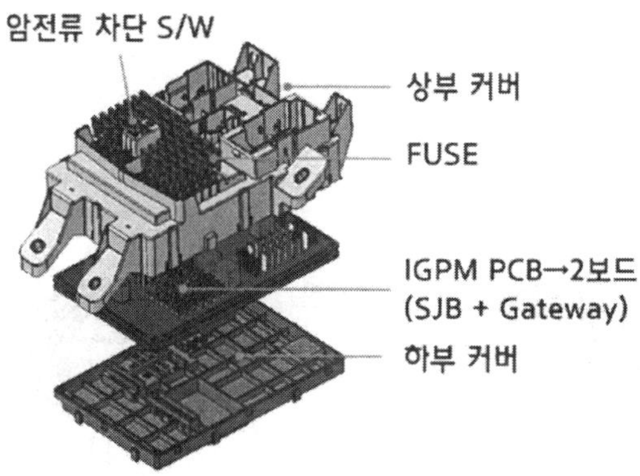

[그림 5-2]

3 CGW(Central Gate Way)

3.1. CGW의 개요

네트워크에서 서로 다른 통신망의 프로토콜을 사용하는 네트워크 간의 통신을 가능하게 하는 장치로서 넓은 의미로 종류가 다른 네트워크 간의 통로 역할을 하는 장치 또는 소프트웨어를 의미한다.

[1] 특징

① 서로 다른 속도를 갖는 모듈 간에 정보를 교환한다.

② 통신부하 증가로 정보손실을 방지하기 위한 네트워크 분리역할을 한다.

③ 수신된 CAN통신 정보를 직접 전달하거나 특정 Signal을 다른 네트워크의 CAN통신 메시지로 재조합하여 전송한다.

④ 네트워크 부하율 분산, 감소를 통해 차량 전자제어 모듈의 증가에 효율적인 대용이 가능하다.

⑤ 네트워크 간 통신전달(Routing) 속도향상 20ms에서 2ms(다이렉트 메시지 라우팅 시)

⑥ 네트워크 보안 성능 강화로 외부기기에 의한 CAN통신 메시지 침입, 유출을 방지한다.

⑦ 전용 게이트웨이 개발, 적용을 통해 네트워크 관리 표준화 및 후속 차종 적용 확장성을 확보할 수 있다.

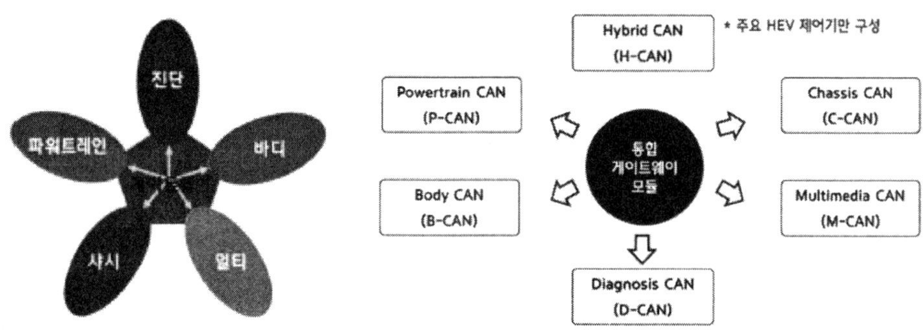

[그림 5-3] 통합 게이트웨이

3.2. 분산형 게이트웨이

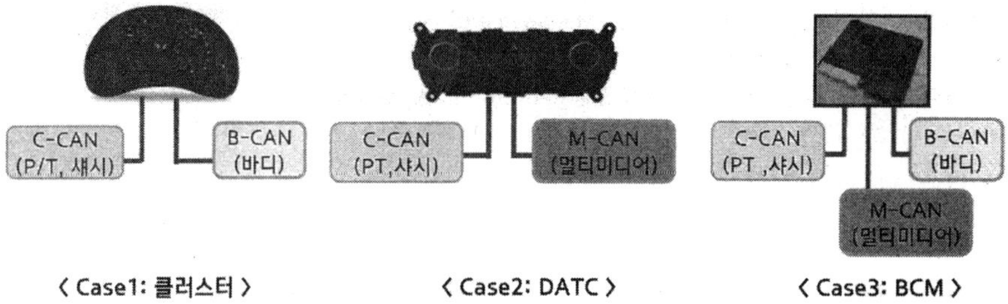

[그림 5-4]

3.3. 중앙 집중형(CGW) vs 분산형 게이트웨이의 비교

3.3.1. 중앙 집중형 게이트웨이

① 네트워크 간 통신 전달속도 향상 : 분산형 대비 10배 빠르다.

② 통신 연결가능 제어기 수 증대 : 데이터 부하율 분산

③ 네트워크 보안 강화 : CGW를 통해서만 차량통신 네트워크에 접근 가능하다(해킹방지 방화벽 기술적용).

④ 차종 및 시스템 추가 시 통신 확장성 좋다.

3.3.2. 분산형 게이트웨이

① 통신연결 가능한 제어기 수 제한 : 데이터 부하율 집중된다.

② 제어기 수 증가 시 오작동 발생 우려 : 특히 고속 CAN에서 발생할 수 있다.

③ 네트워크 보안 성능 취약 : C-CAN통신라인 노출로 인해 외부 기기에 의한 메시지 침입, 유출 우려가 있다.

④ 차종 및 시스템 추가 시 통신 확장성이 어렵다.

3.4. CWG의 주요기능

CGW는 전송속도나 방식 등이 서로 다른 통신 네트워크 간의 정보를 받아서 각 시스템에 위배되지 않도록 메시지를 전송하는 라우팅기능을 수행하며, 전송방식은 다음과 같이 크게 두 가지로 구분할 수 있다.

[1] 다이렉트 메시지 라우팅(Direct Message Routing)

① 수신된 CAN통신 메시지를 가공하거나 재배치하지 않고 통째로 복사하여 전달하는 방식

② 시간 지연 없이 빠른 데이터 전송이 필요한 메시지 전송방식

③ P/C-CAN통신에만 해당된다.

[2] 인 다이렉트 시그널 라우팅(Indirect Signal Routing)

① 수신된 CAN통신 메시지의 특정 시그널을 다른 네트워크의 CAN통신 메시지로 재조합하여 송신하는 방식.

② 메시지 내에 있는 몇 개의 신호만 필요할 경우

③ 송·수신 네트워크 간 통신속도, 프로토콜이 상이할 경우

④ 모든 CAN통신에 적용한다.

또한 RDB(Routing Data Base)에 각 네트워크 제어기 별 송·수신 메시지를 정의하고, 각 메시지들을 어느 네트워크에 어떠한 방식으로 전달(라우팅)할 지 관리하고 있다.

3.4.1. 데이터 라우팅 기능

차량 내에서 서로 다른 통신 네트워크간의 정보 교환을 담당한다.

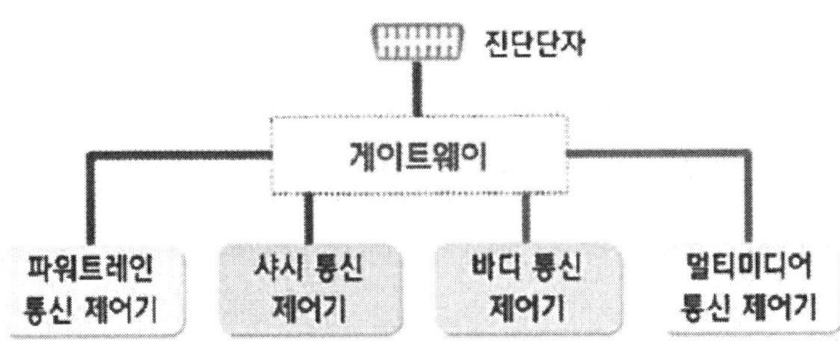

[그림 5-5]

3.4.2. 고장진단 라우팅 기능

진단장비에 의한 P, C, B, M-CAN 네트워크 ECU진단 및 강제 구동기능 진단장비에 의해 네트워크 ECU 리 프로그램 기능

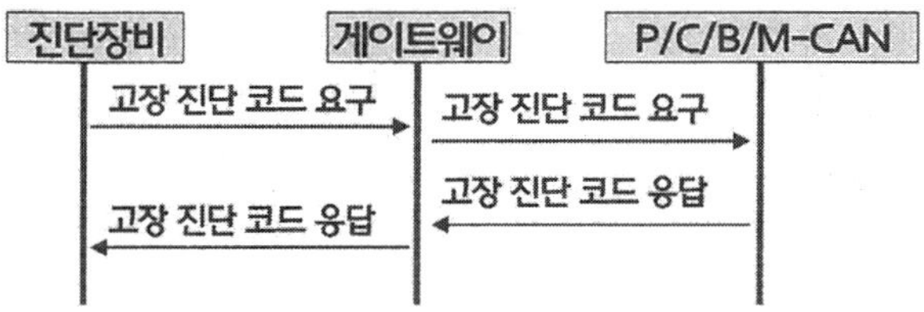

(a)

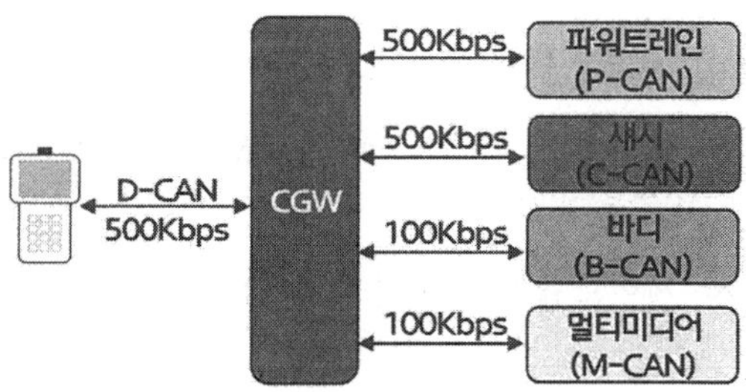

(b)

[그림 5-6]

3.4.3. 네트워크 보안관리의 기능

차량 네트워크로의 접속이 GCW와의 진단통신(D-CAN)을 통해서만 가능하도록 함으로써 외부기기를 이용한 차량통신 네트워크 접속이나 메시지 침입, 해킹을 통한 메시지유출 등을 방지할 수 있다.

① 차량의 통신(고속 CAN)경로를 통한 외부의 침입으로부터 차량 내 제어기 보호 및 정보유출 방지

② 통합형 게이트웨이(CGW)를 적용하여 OBD 진단커넥터를 통한 미인가 장비의 접근 또는 리 프로그래밍을 차단한다.

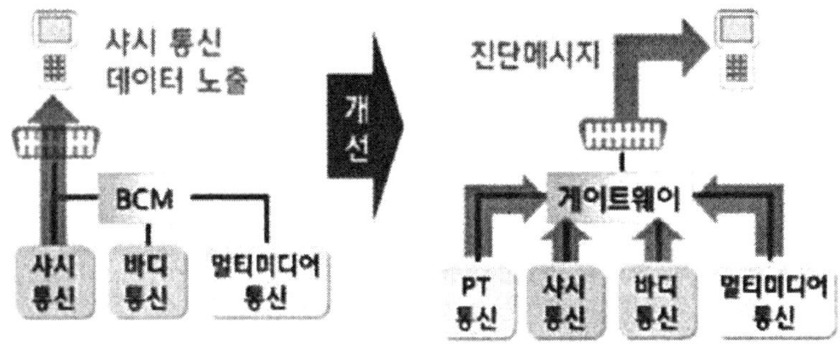

[그림 5-7] 네트워크 보안

3.4.4. 부가기능

[1] AVN 4.0(I-BOX) 원격진단

① 경고등 점등 시 I-Box와의 게이트웨이를 통한 섀시시스템(P/C-CAN) 원격진단을 수행한다.

② 진단장비 연결 시 게이트웨이를 통한 I-Box 원격진단(P/C-CAN) 기능은 중지된다.

③ P/C-CAN 10개 제어기 원격진단 수행한다.

④ 시동 ON이후 8.5초가 지난 시점부터 진단 시작한다.

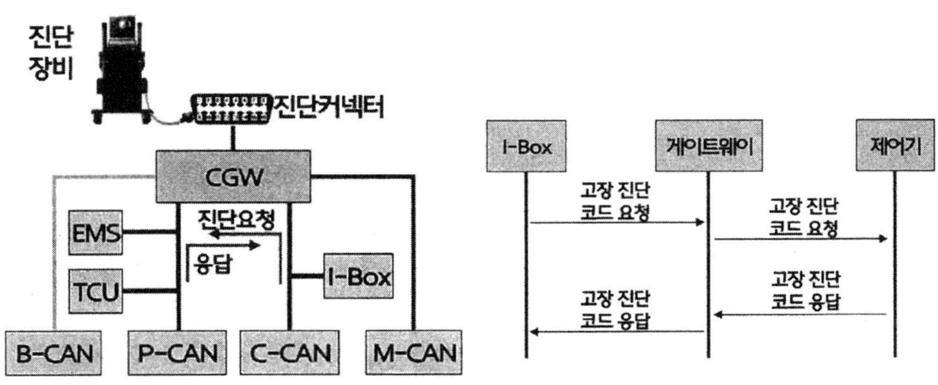

(a) (b)

[그림 5-8]

3.4.5. 네트워크 확장기능

신규 제어기 추가 시 네트워크 대응이 용이하다.

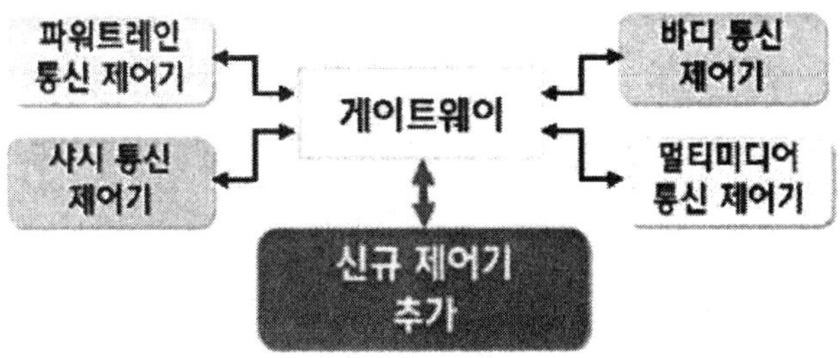

[그림 5-9]

3.5. 입·출력 블록 다이어그램

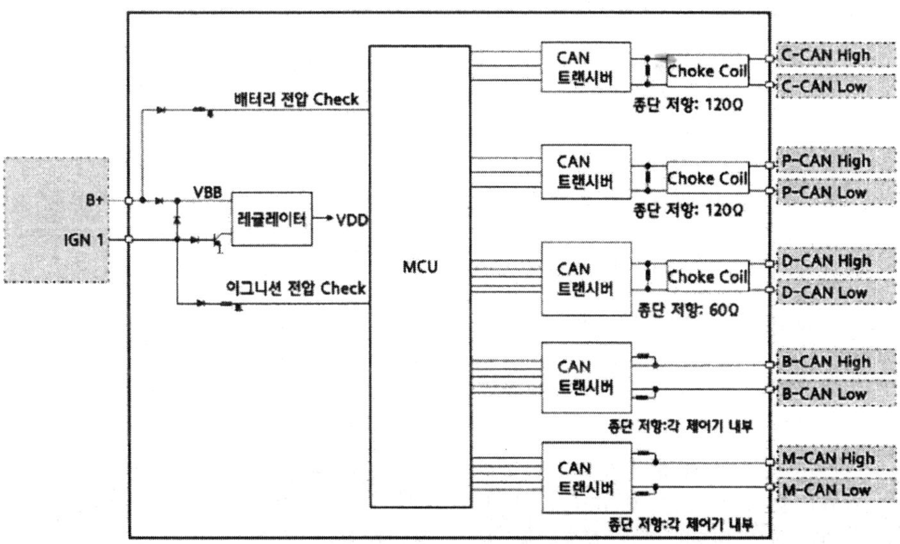

[그림 5-10] 통합 게이트웨이 모듈과 각 네트워크의 연결 구성

[1] High Speed CAN 종단 저항 장착위치

① C-CAN : 클러스터 모듈 내부(120Ω)

② P-CAN : EMS 모률 내부(120Ω)

[2] Gateway 블록 다이어그램

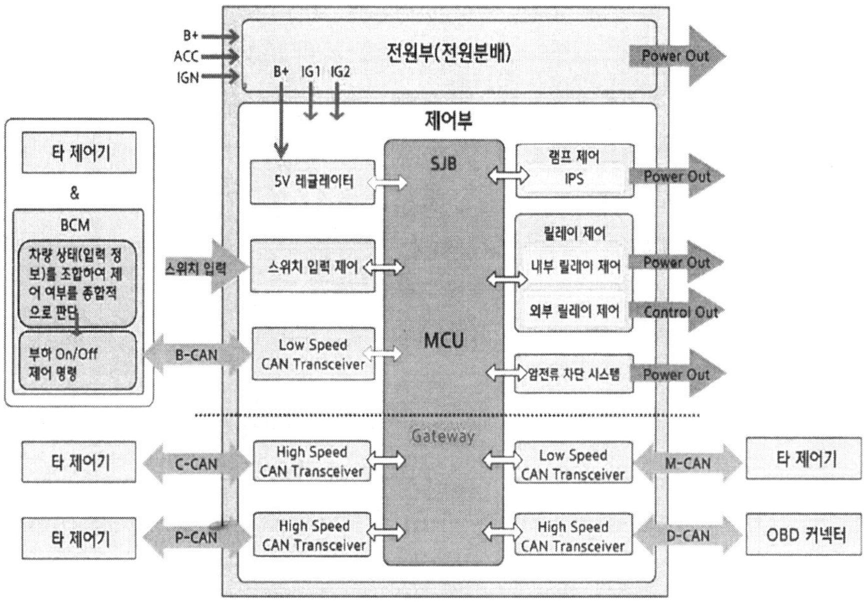

[그림 5-11] Gateway 블록 다이어그램

[3] 커넥터 핀 Lay-out 및 전기적 특성

CGW 모듈의 정상작동 전압은 6.5~18V이고 이그니션 전원이나 배터리전원 중 어느 한쪽에 고장(단선, 단락)이 발생하더라도 정상 작동한다.

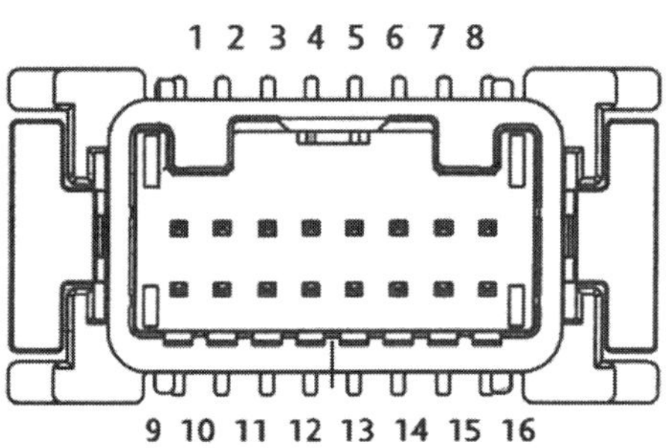

NO	명칭 및 기능	NO	명칭 및 기능
1	D-CAN Low	9	M-CAN Low
2	D-CAN High	10	M-CAN High
3	-	11	B-CAN Low
4	접지	12	B-CAN High
5	-	13	P-CAN High
6	IGN 1전원	14	P-CAN Low
7	-	15	C-CAN High
8	배터리 전원	16	C-CAN Low

[그림 5-12]

3.6. 서비스 가이드

3.6.1. DTC 검출

[1] 과거 DTC 자동 소거방식

IG OFF 또는 ACC상태에서 IG ON 또는 시동상태로의 변경이 30회 발생하는 동안 고장이 검출되지 않으면 과거 DTC는 자동 소거된다(CGW ECU 내부 고장을 제외한모든 DTC에 적용).

[표 5-1]

<table>
<tr><th>NO</th><th>DTC</th><th>명 칭</th><th>DTC발생 조건</th><th>DTC
판단로직</th></tr>
<tr><td>1</td><td>B1621</td><td>ECU
고장</td><td>Memory failure or register failure 발생한 경우</td><td>IGN= ON
9V~16V</td></tr>
<tr><td>2</td><td>B1101</td><td>고 전압
감지</td><td>아래의 모든 조건만족 시
Condition1: key상태가 IGN인 상태로 5초경과
Condition2: 19V 이상
Condition3: Condition1과 Condition2를 3초 이상 유지</td><td>IGN= ON
9V~16V</td></tr>
<tr><td>3</td><td>B1102</td><td>저 전압
감지</td><td>아래의 모든 조건만족 시
Condition1: key condition이 IGN인 상태로 5초경과
Condition2: 6.5V 이하
Condition3: Condition1과 Condition2를 3초 이상 유지</td><td>IGN= ON
9V~16V</td></tr>
<tr><td>4</td><td>B1581</td><td>IGN
신호
에러</td><td>야래의 모든 조건만족 시
Condition1: B-CAN 네트워크가 Network Active 상태
Condition2: C-IGN SW 시그널이 time out 상태가 아님
Condition3: B-CAN 버스가 Bus Off상태가 아님
Condition4: B-CAN 버스가 림프 홈 상태가 아님
Condition5: 아래의 다섯가지 고장상태를 5초 이상 감지
<table>
<tr><th>A-IGN 1</th><th>C-IGN SW</th><th>판단</th><th>A-IGN 1</th><th>C-IGN SW</th><th>판단</th></tr>
<tr><td rowspan="5">ON</td><td>0: Key off</td><td>고장</td><td rowspan="5">OFF</td><td>0: Key off</td><td>-</td></tr>
<tr><td>1: Key In</td><td>고장</td><td>1: Key In</td><td>-</td></tr>
<tr><td>2: Acc</td><td>고장</td><td>2: Acc</td><td>-</td></tr>
<tr><td>3: IGN</td><td>-</td><td>3: IGN</td><td>고장</td></tr>
<tr><td>4: ST</td><td>-</td><td>4: ST</td><td>고장</td></tr>
</table></td><td>IGN= ON
9V~16V</td></tr>
</table>

NO	DTC	명 칭	DTC발생 조건	DTC 판단로직
5	B1603	Bus off B-CAN	B-CAN Bus-Off 상태	IGN= ON 9V~16V
6	B2800	Bus off M-CAN	M-CAN Bus-Off 상태	IGN= ON 9V~16V
7	C1616	Bus off C-CAN	C-CAN Bus-Off 상태	IGN= ON 9V~16V
8	C160E	Bus off P-CAN	P-CAN Bus-Off 상태	IGN= ON 9V~16V
9	C160F	Bus off D-CAN	D-CAN Bus-Off 상태	IGN= ON 9V~16V
10	B1602	Single line error B-CAN	B-CAN line error 2초간 감지 시	IGN= ON 9V~16V B-CAN Bus-off 미 발생 상태
11	B2801	Single line error M-CAN	M-CAN line error 2초간 감지 시	IGN= ON 9V~16V M-CAN Bus-off 미 발생 상태
12	B1604	BCM Time out	① 차량전원 OFF조건에서 WAKE UP시 제어기가 정상적으로 장착되어있다고 판단되었을 경우 ② 고속 CAN은 각각의 제어기로부터 가장 높은 우선순위 CAN ID를 가진 주기 메시지를 모니터링하고 저속 CAN은 네트워크 관리 메시지를 모니터링 하여 해당 메시지 Timeout 발생 시 제어기의 Time Out DTC를 저장한다.	IGN= ON 9V~16V Tine out 상태 10초간 유지 해당 네트워크 Bus off 미 발생 상태

3.6.2. 네트워크 구성정보 초기화

IGN ON상태에서 CGW와 연결된 제어기 탈거 시 Time Out 고장코드 발생하면 네트워크 구성정보 초기화 실시(미 실시할 경우 DTC 소거 안됨)

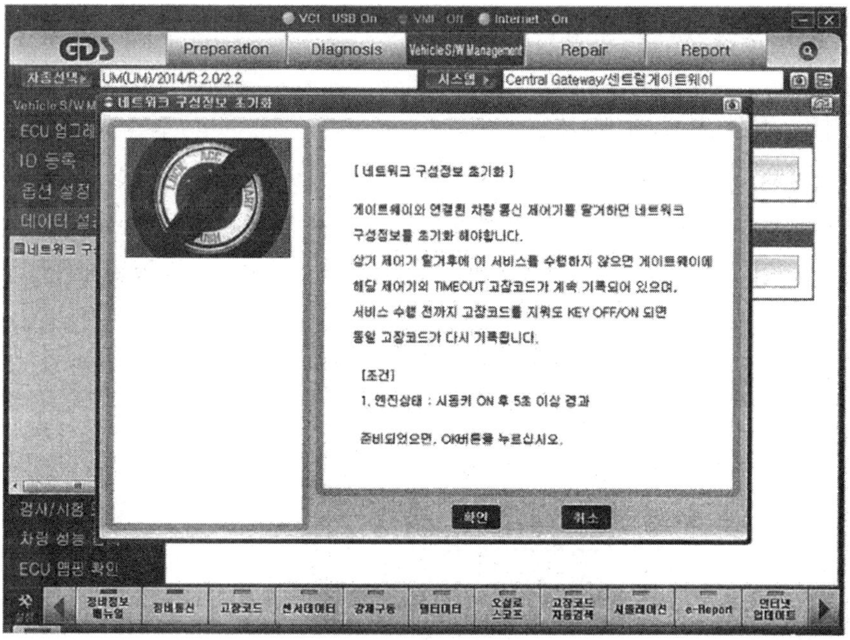

[그림 5-13]

3.6.3. MCU 초기화

IGPM의 Main-H 전원 커넥터 탈거 후 재접속

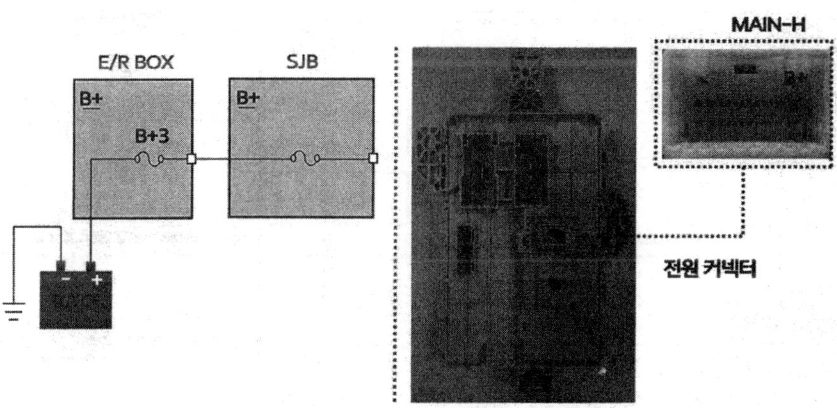

[그림 5-14]

4 ››› 바디 컨트롤 모듈(BCM)

4.1. 바디 컨트롤 모듈의 개요

바디전장 기능을 통합 제어하며 파워 트레인 CAN통신과 바디전장 CAN통신의 정보 및 진단통신 중계(Gate Way)를 수향하며 타이어 압력센서 신호 수신(TPMS기능 내장) 또한 와이퍼, 램프, PAS, 도난방지 등의 동작을 자동 컨트롤하는 시스템으로 여러 스위치 신호를 입력받아 시간제어 및 경보제어와 관련된 기능을 수행한다.

4.2. 입·출력 블록 다이어그램

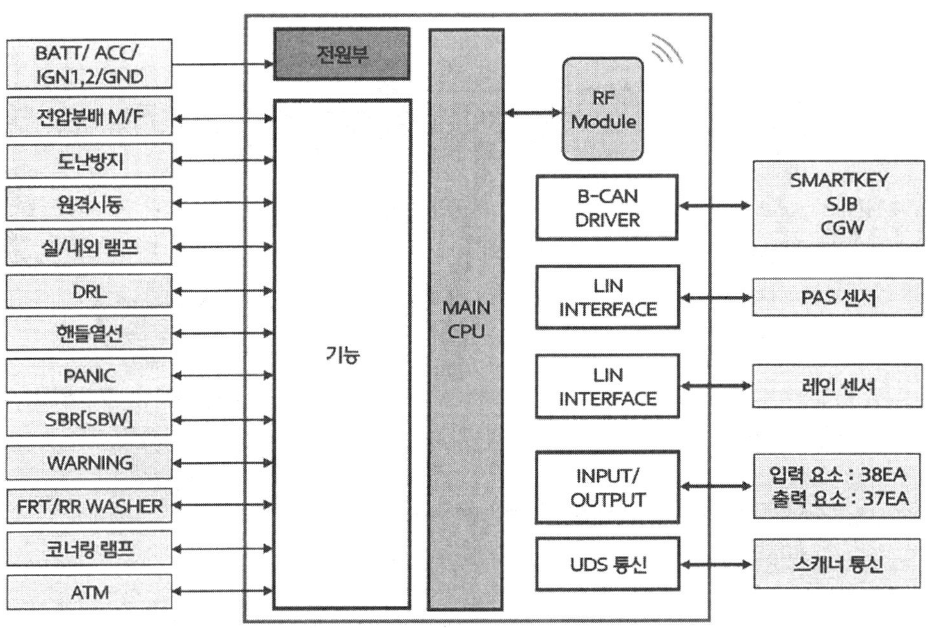

[그림 5-15]

4.3. 바디 컨트롤의 주요기능

4.3.1. 주요 기능

[표 5-2]

NO	주요 기능	내 용
1	전압분배 M, F시스템적용 와이퍼, 전조등시스템	-와이퍼 스위치 값 인식 후 와이퍼 HI, LOW 릴레이 제어 -멀티 펑션 스위치의 전조등 HIGH, LOW, 앞 안개등, 미등 멀티 펑션 스위치 값을 인식하여 BCM은 각 스위치별 출력 제어(B-CAN 통신)
2	시트벨트 경고 (시트벨트 리마인더)	시트벨트 착용 유무에 따른 경고 기능 동작
3	고장 진단(스캐너통신)	UDS통신
4	PAS, RPAS 경고	시프트 레버(RorD)이동 시 PAS센서를 통한 전·후방 장애물 감지 기능(LIN 통신)
5	와이퍼 & 와셔	Front, Rear 와셔 스위치 ON 시 와셔 와이퍼 출력
6	핸들 열선	-스위치 On시 열선 출력시간(30분) 후 자동 OFF -저온, 고온, 타켓 온도에 따른 스티어링 휠 열선 제어 -이상 현상 발생 시 경고등 점멸 -49℃ 차단, 48℃ 복귀 → 고장 시 인디케이터 점멸
7	도난방지 (ANTI - THEFT)	REMOTE 록 30초경과시 도난 경계상태로 유지되며, 이 상태에서 도어 및 후드, 테일게이트 강제 OPEN 시경보
8	ATM SHIFT LOCK	IGN & 브레이크상태에 따라 ATM SOL을 구동시켜 SHIFT 레버를 이동 가능토록 하는 기능
9	혼& 백 알림기능(HORN ANSWER BACK)	-RKE LOCK 입력 후 4초 내 RELOCK시 비상등 & 혼 출력 -북미 SMK : HORN ANSWER BACK 2STEP -내수/북미 RKE : HORN CHIRP
10	PANIC(패닉)	RKE & FOB PANIC 버튼 ON 시 혼 & 비상등을 출력
11	선루프 제어 타이머	IG OFF후 30초 동안 선루프 타이머기능 동작
12	코너링 램프	-차속 40km/h 미만 조건에서 방향지시등 ON 시 동작 -전조동 스위치 ON(Low/Hi 무관), 변속단 위치는 무관
13	DRL	-점등조건 : 발전기 H신호 입력 시 동작 -소등조건 : 전조등 LOW ON 또는 앞 안개등 스위치 ON 시
14	PAS/에어백 옵션단자(사이드 에어백 유무인지)	-접지 시 해당 옵션으로 인식 -접지 해제 시 해당 옵션 적용 안됨

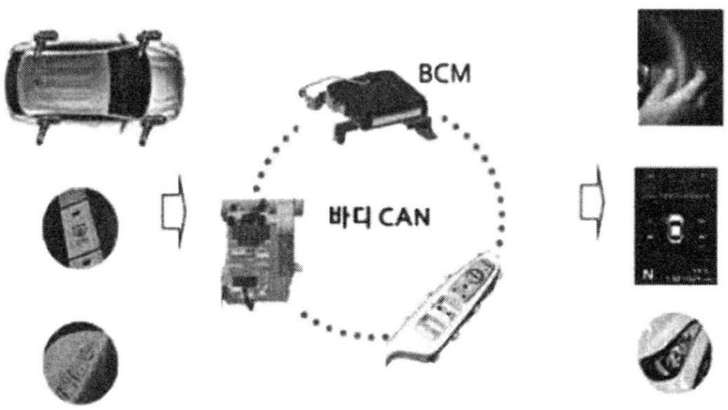

[그림 5-16] 통합제어 개념

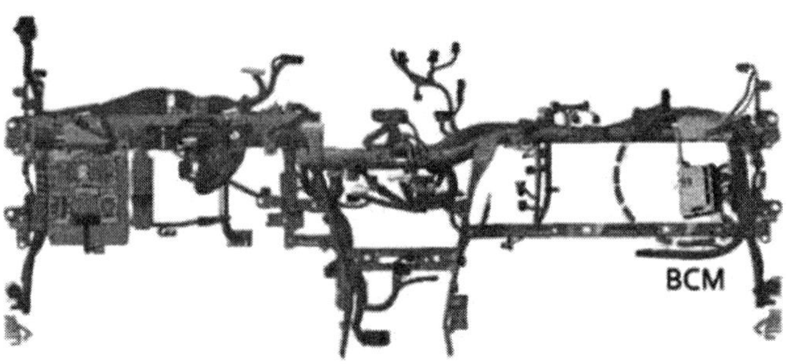

[그림 5-17] 동승석 글로브박스 우측(장착위치)

BCM은 파워 도어 록 및 실내등과 같이 주로 사용자 의지에 의해 구동되는 기능을 통합 제어하는 모듈로서 사용자가 특정기능을 동작하기 위해 스위치를 조작하면, 그 신호를 입력받아 로직 판단 후 조건에 맞는 출력을 제어한다.

하지만 단독으로 많은 기능의 입력과 제어를 할 수 없기 때문에 바디 CAN통신에 연결된 모듈(SJB, DOM)에서 입력신호를 받아 기능에 대한 로직 판단 후 BCM이 직접 제어하거나 CAN통신을 통해 SJB로 구동신호를 전송한다. 즉 바디전장 기능을 제어하는 두뇌역할을 수행한다. 또한 BCM은 통신 프로토콜이 다른 파워트레인 CAN 통신과 바디 CAN통신의 통신 중계기(Gate Way) 역할도 수행하며 차속 및 도어신호 등 각각의 네트워크에 필요한 내용을 송수신 한다.

[1] 통합제어(미등 자동 소등기능)

미등이 점등된 상태에서 IGN off 후 운전석 도어를 열면 자동으로 미등이 소등되는 기능이 동작되면 다음과 같은 로직이 수행된다.

① BCM은 미등스위치 on 및 IGN off 감지한다.

② SJB는 운전석 도어가 열렸다는 신호를 감지하여 CAN통신을 통해 BCM으로 전달한다.

③ BCM이 "미등 자동소등 기능"에 조건이 만족되는지를 로직으로 판단한다.

④ 조건 만족 시 CAN통신을 통해 SJB로 미등 출력 off 신호를 전송한다.

⑤ SJB는 미등소등을 한다.

4.3.2. BCM 제어기능

① 통신 : CAN, LIN통신 및 UDS 진단통신.

② 열선 : 조향핸들, 앞·뒤 유리 열선제어.

③ 스마트키 연동 : 아웃사이드 밀러 폴딩 언 폴딩, 포켓 퍼들램프 제어

④ 와이퍼 및 와셔

-프런트 와이퍼(Auto, Low, High)제어

-와셔연동 와이퍼 제어, 레인센서 연동제어.

⑤ UVO : 도난신호 전송, 도어록, 언록 서비스제어

⑥ 실내조명 : 감광식 룸램프, IGN 조명제어, AV연동제어(AV Tail)

⑦ 외장램프 : 전조등, 미등, 안개등, 오토라이트, 스태틱 밴딩 램프, 헤드램프, 에스코트, 스마트 웰컴(미등점등)

⑧ 경고 및 부저 : 안전벨트, 선루프 열림경고, PAS, 주차브레이크, 외장램프 단선 경고

⑨ 도난경보장치 : 리모컨 신호에 따른 제어

⑩ 기타 : 파워 도어록(차속 및 충돌 연동제어), 타이어 압력센서 신호수신(TPMS)

4.3.3. 기능을 수행하기 위해 BCM에 입·출력하는 요소

[1] PAS 옵션

주차 보조시스템 중 PAS(전·후방 경보) 사양인지 및 RPAS(후방 경보)사양 인지 구별하기 위해 와이어링 결선으로 구분한다.

① PAS사양 : 접지(OV)

② RPAS사양 : 접지 해제(12V)

[2] PAS센서 전원

BCM이 초음파센서 전원 공급

전원단 접지 단락 감지용(약 350mA 이상 흐를 경우) 차단.

[3] 레인센서 옵션

레인센서 인지 및 일반 사양인지 구분

① 레인센서 적용사양 : 접지(OV)

② 일반 사양 : 접지 해제(12V)

[4] 퍼들 램프 및 아웃사이드 밀러 폴딩제어

운전석 및 동승석 파워 윈도우 스위치 신호를 B-CAN으로 수신하여 BCM에서 제어한다.

4.4. 바디 컨트롤모듈의 주요기능

4.4.1. 전압 분배 M/F 적용

다기능 스위치에 내장된 라이팅, 와어퍼스위치를 일대일 접점에서 전압 분배방식으로 변경하여 BCM은 멀티 펑션 스위치 값을 인식하여 각 스위치별 출력제어를 한다.

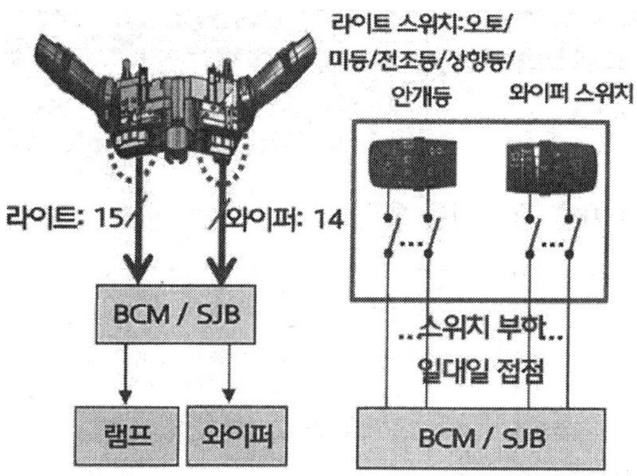

(a) 일대일 접점 멀티 펑션 스위치

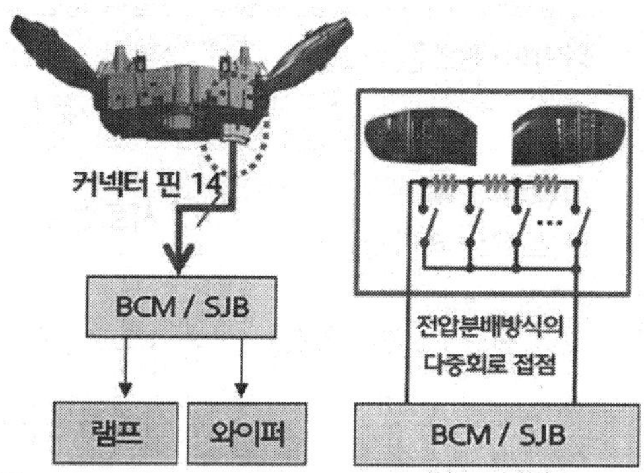

(b) 전압 분배방식 멀티 펑션 스위치 시스템

[그림 5-18]

4.4.2. 라이트 회로

[1] 작동방식

① 멀티 펑션라이트 스위치ON & IGN2 ON조건이 되면 헤드램프 & 미등을 ON한다.

② 운전자가 멀티 펑션 스위치 ON 시 BCM은 CAN통신 데이터로 멀티 펑션 상태 정보를 SJB로 전송한다.

③ SJB는 멀티 펑션 상태 정보에 따라 미등, 전조등을 제어한다.

④ 페일 세이프 진입조건(전조등 Low, 미등 점등)

- SJB 내부 컨트롤러 고장 시 CAN통신 라인의 단선, 단락(두선 모두 단선, 단락 시) 발생 시

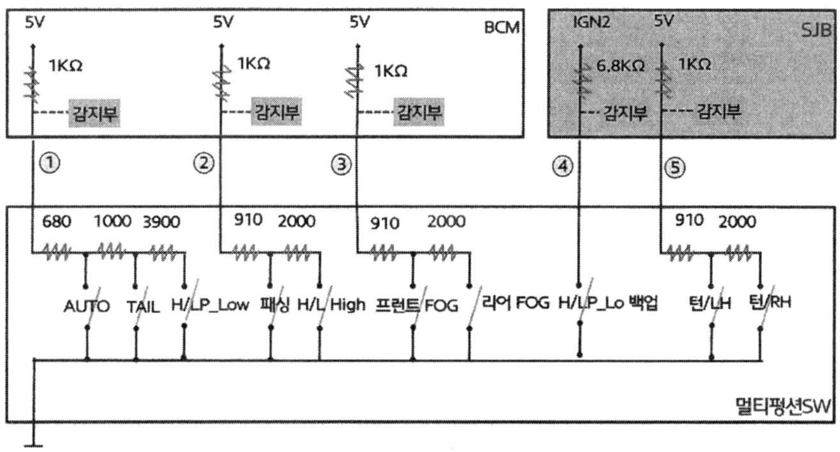

[그림 5-19] 멀티 펑션 라이트 S/W 회로도

[2] 라이트 회로 각 단자별 전압 분배도

[표 5-3]

NO	라이팅 스위치 출력 단자	라이팅 스위치	스위치 타입	스위치 단품 합성저항		라이팅 스위치 출력전압(유닛5V, 풀업저항 1kΩ기준)
				MIN	MAX	
1	라이트SW출력 (풀업저항 1kΩ)	OFF	Lock	∞	∞	5.0V±0.22V
		AUTO	Lock	656Ω	704Ω	2.02V±0.22V
		TAIL-LIGHT	Lock	1621Ω	1739Ω	3.13V±0.22V
		H-LP-LOW	Lock	5385Ω	5775Ω	4.24V±0.22V
		GND 쇼트	-	-	-	0.0V±0.22V
2	Head Lamp High SW 출력 (풀업저항 1kΩ)	OFF	Lock	∞	∞	5.0V±0.22V
		PASSING	Return	878Ω	942Ω	2.38V±0.22V
		H-LP-High	Return	2808Ω	3012Ω	3.72V±0.22V
		GND 쇼트	-	-	-	0.0V±0.22V

NO	라이팅 스위치 출력 단자	라이팅 스위치	스위치 타입	스위치 단품 합성저항		라이팅 스위치 출력전압(유닛 5V, 풀업저항 1kΩ기준)
				MIN	MAX	
3	FogLamp SW출력(풀업저항 1kΩ)	OFF	Lock	∞	∞	5.0V±0.22V
		Frt-Fog	내수/북미 Lock	878Ω	942Ω	2.38V±0.22V
		Rr-Fog	Return	2808Ω	3012Ω	3.72V±0.22V
		GND 쇼트	-	-	-	0.0V±0.22V
4	헤드램프 로우 백업 SW 출력	OFF	-	∞	∞	OPEN
		ON	Lock	0Ω	0Ω	0V
5	TurnSignal Lamp SW출력(풀업저항 1kΩ)	OFF	Lock	∞	∞	5.0V±0.22V
		T-Sig-LH	Lock	878Ω	942Ω	2.38V±0.22V
		T-Sig-RH	Lock	2808Ω	3012Ω	3.72V±0.22V
		GND 쇼트	-	-	-	0.0V±0.22V

4.4.3. 와이퍼 회로

[1] 작동방식

① 이전차량은 와이퍼 릴레이 전원입력을 IG2 전원을 이용하였으나 신차에는 와이퍼릴레이 전원 입력방식이 B+ 전원 이용방식으로 변경되었다.

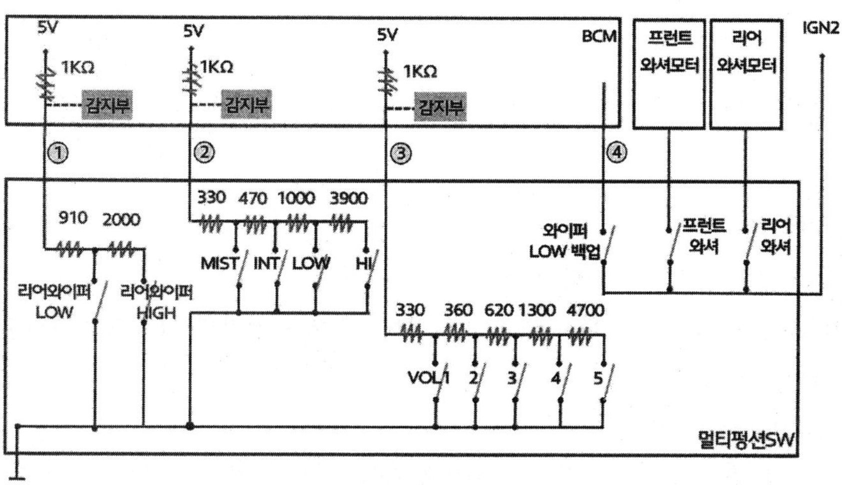

[그림 5-20]

② 와이퍼 릴레이 전원 입력방식 변경으로, 와이퍼스위치 ON 와이퍼 구동 중 전원 OFF시 와이퍼블레이드 중간 멈춤이 발생되었으나 릴레이 전원 입력방식 변경 후 중간 멈춤이 해소되었다.

[2] 와이퍼회로 각 단자별 전압 분배도

[표 5-4]

NO	와이퍼 스위치 출력단자	와이퍼 스위치		스위치 타입	스위치단품 합성저항		와이퍼스위치출력 전압(유닛 5V, 풀업저항 1kΩ기준)
					MIN	MAN	
1	리어 Wiper 스위치 출력 (풀업저항 1kΩ)	OFF		Lock	∞	∞	5.0V±0.22V
		Rr-LO		Lock	878Ω	942Ω	2.38V±0.22V
		Rr-HI		Lock	2808Ω	3012Ω	3.72V±0.22V
		GND 쇼트		-	-	-	5.0V±0.22V
2	Wiper 스위치 출력(풀업저항 1kΩ)	MIST		Return	318Ω	342Ω	1.24V±0.22V
		OFF		Lock	∞	∞	5.0V±0.22V
		INT, AUTO		Lock	772Ω	828Ω	2.22V±0.22V
		LO		Lock	1737Ω	1863Ω	3.21V±0.22V
		HI		Lock	5501Ω	5900Ω	4.25V±0.22V
		GND 쇼트		-	-	-	5.0V±0.22V
3	Wiper 인트 볼륨 스위치 출력 (풀업저항 1kΩ)	INT	VOL1	Lock	318Ω	342Ω	1.24V±0.22V
			VOL2	Lock	666Ω	714Ω	2.04V±0.22V
			VOL3	Lock	1264Ω	1356Ω	2.84V±0.22V
			VOL4	Lock	2519Ω	2701Ω	3.61V±0.22V
			VOL5	Lock	7054Ω	7566Ω	4.40V±0.22V
			GND 쇼트	-	-	-	0.0V±0.22V
			B+ 쇼트	-	-	-	5.0V±0.22V
4	Wiper Low 백업 출력	OFF		-	∞	∞	-
		ON		Lock	0Ω	0Ω	IGN 2

[3] 와이퍼 회로분석

① 멀티 펑션 스위치가 전압 분배방식으로 적용

② BCM은 멀티 펑션 스위치 입력 전압 값을 통해 운전자의 의지를 파악하고 와이퍼 인트와 Low 구동

③ 페일세이프 제어

- 멀티 펑션 스위치 단선으로 와이퍼 Low 신호를 받을 수 없을 때 BCM은 와이퍼 Low 백업 라인이 ON 상태이면 와이퍼 Low를 출력한다.

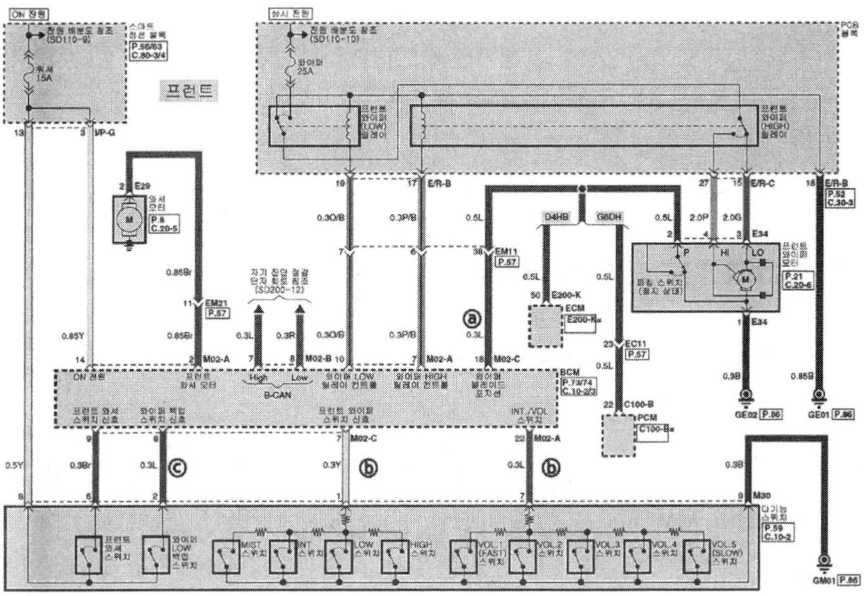

[그림 5-21]

- BCM 마이컴 고장으로 와이퍼 스위치 입력값을 받지 못할 경우 와이퍼 Low 백업스위치 ON시 와이퍼 Low를 출력한다.

(1) 파킹 스위치

와이퍼 구동 중 IG Off 시 블레이드를 파킹위치로 복귀시키기 위해 파킹 스위치 신호 입력 시까지 와이퍼 릴레이를 구동한다. 만일 10초안에 파킹신호가 입력되지 않으면 와이퍼 블레이드 구속으로 판단하고 와이퍼 릴레이 구동을 중지한다.

① 단자 전압 : 파킹위치 0V, 와이퍼 구동 시 12V

(2) 다기능 스위치

전압 분배방식의 다기능 스위치 적용(스위치 및 인트 볼륨)

① 단자 전압 : 5V 풀업 및 스위치 단계별 전압 변화

(3) 백업 스위치

백업신호는 입력되지만 전압 분배신호가 입력되지 않을 경우 와이퍼 모터를 Low로 작동시킨다.

① 단자 전압 : 스위치 Off 시 0V, 스위치 ON 시 12V.

5 스마트 정션박스(SJB)

5.1. 스마트 정션박스의 개요

SJB 내부 퓨즈를 통해 차량 각 시스템에 전원공급 및 IPS를 통한 램프 및 릴레이 구동하고 바디전장 스위치 작동여부를 감지하여 CAN통신을 통해 BCM으로 입력 및 BCM 로직 판단을 CAN통신으로 입력받아 바디전장품의 제어를 행한다.

SJB는 실내 정션박스에 BCM의 기능을 일부 포함하고 CAN통신과 IPS를 이용하여 램프류 및 각종 부하를 제어하는 일종의 전자제어 박스라 볼 수 있다.

IPS(Intelligent Power Switch)는 대 전류 부하 제어기능에 과전류에 대한 보호기능이 추가되어 퓨즈와 릴레이 대처가 가능한 소자를 말한다.

NO	명 칭	수량	역 할
1	MCU	1	각종 명령 입력/수행, 결과 출력
2	스위치 IC	1	스위치 입력값을 MCU로 전달
3	CAN IC	1	CAN의 물리적 인터페이스
4	IPS	9	램프출력
5	RELAY	4	릴레이출력

(a) 제어부 (b) 전원부

[그림 5-22]

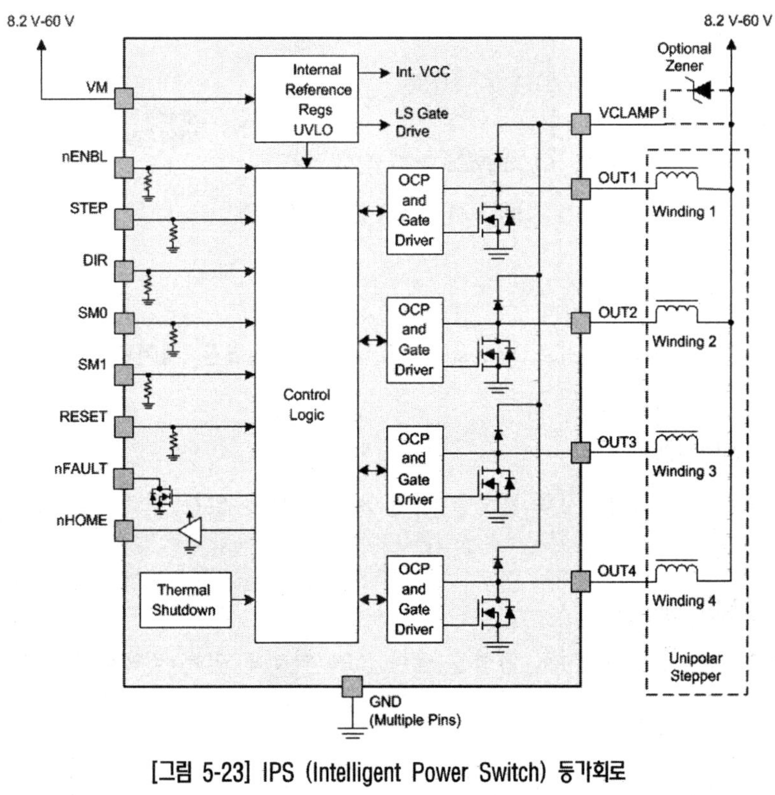

[그림 5-23] IPS (Intelligent Power Switch) 등가회로

5.2. 시스템 블록의 다이어그램

[1] 스위치 입력

스위치 입력을 받아 스위치 상태를 CAN 메시지로 각 모듈에 전송한다.

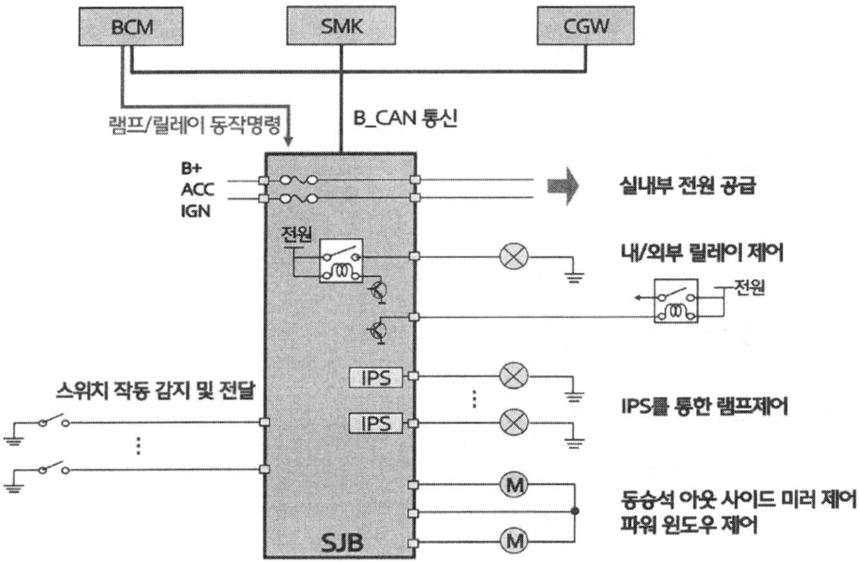

[그림 5-24] 시스템 블록 다이어그램

[2] IPS를 통한 램프류 제어

BCM으로부터 CAN메시지로 명령을 받아 IPS로 램프류를 제어한다.

[3] 내부 릴레이 제어

BCM으로부터 CAN메시지로 명령을 받아 SJB 내부에 있는 릴레이를 제어한다.

[4] 외부 릴레이 제어

BCM으로부터 CAN메시지로 명령을 받아 SJB 외부에 있는 릴레이를 제어한다.

[5] Door Zone Architecture

DDM으로부터 CAN메시지로 작동명령을 받아 SJB외부에 있는 보조석 O/S Mirror 및 Power Window를 제어한다.

[6] 암전류 차단시스템

선적 및 장기주차 등 차량의 작동 상태에 따라 불필요한 암 전류의 소모를 절감하기 위하여 부하에 공급되는 전원을 자동으로 차단한다.

[7] 고장진단

IPS로 제어하는 부하에 대한 상태를 진단하고 표출한다.

SJB는 로직에 대한 판단은 하지 않으며 다른 모듈의 CAN통신명령에 의해서만 작동한다.

5.3. 주요기능 및 특징

① 바디 CAN통신전용 IC 적용
② 암 전류 자동 차단장치 적용
③ 바디전장 스위치 감지(방향지시등, 도어스위치, 미러조정 스위치, 도어록 스위치)
④ 방향지시등 제어(BCM 관계없이 SJB 단독 제어)
⑤ IPS를 통한 각종 램프 제어 및 PWM 정전압 제어(벌브 타입)
⑥ 램프의 단선, 단락 검출을 통한 진단기능 제공
⑦ Fail Safe 기능(통신 불량시 전조등, 미등 직접 제어)
⑧ 릴레이 제어(열선, 트렁크리드, 파워 윈도우 릴레이, ICM : 버글러 알람, 버글러 알람 혼, 미러)

5.4. 스위치 제어 블록 다이어그램

각종 스위치의 동작상태(ON/OFF)를 파악하고 CAN통신을 통하여 타 모듈로 스위치 상태를 메시지로 전송하는 기능을 수행한다.

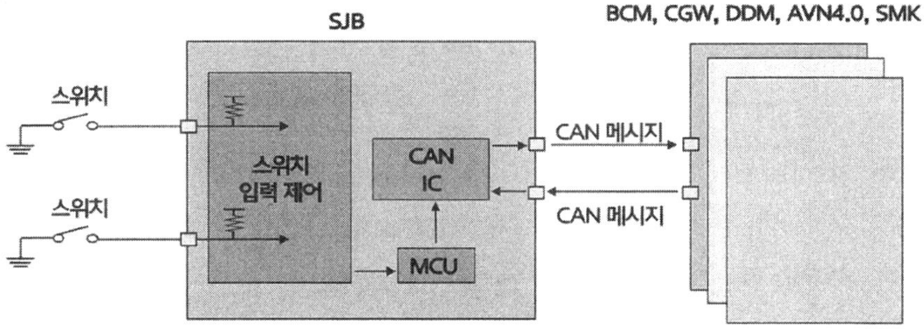

[그림 5-25]

5.5. 내부 릴레이 제어기능

BCM과 DDM에서 전송하는 CAN 메시지를 통하여 SJB 내부의 릴레이 On/Off동작을 수행하고 리어 와이퍼 릴레이는 BCM이 하드 와이어로 직접 On/Off를 제어한다.

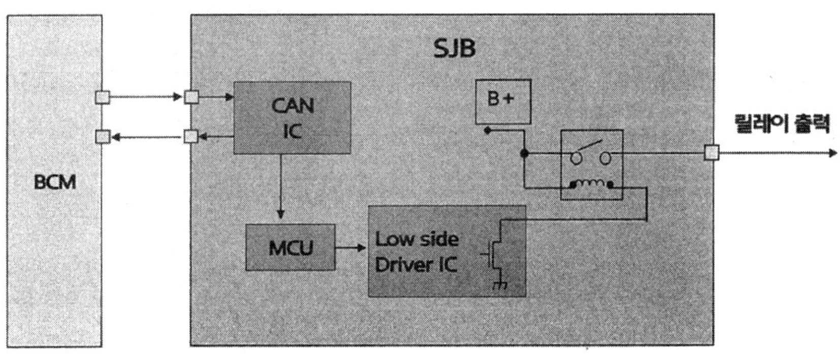

[그림 5-26] 내부 릴레이제어 등가회로

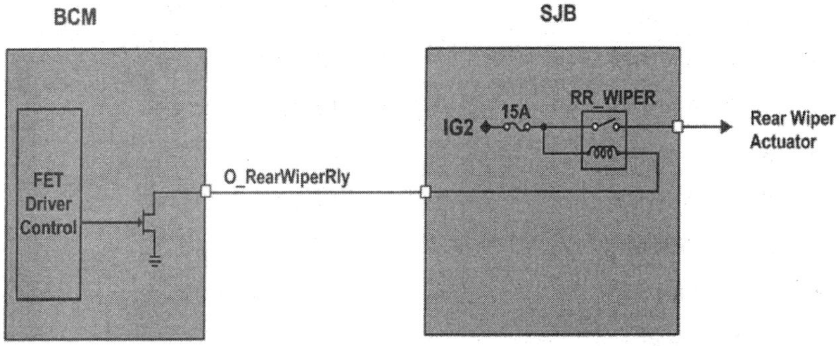

[그림 5-27] 리어 와이퍼 제어 등가회로

5.6. 외부릴레이 제어기능

BCM과 DDM에서 전송하는 CAN 메시지를 통하여 SJB 외부의 릴레이 On/Off동작을 수행하고 도난방지 혼 릴레이, 앞 유리 열선 릴레이, Dead Lock 릴레이를 직접 On/Off 제어한다.

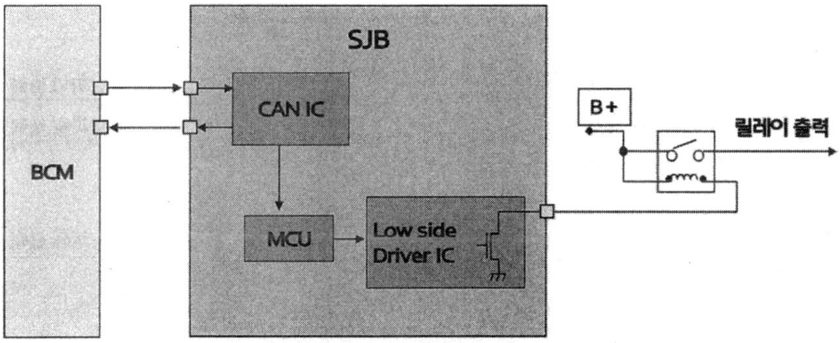

[그림 5-28]

5.7. IPS 램프제어 기능

BCM에서 전송하는 CAN통신 메시지를 통하여 램프류 On/Off 동작을 수행하고 IPS를 통하여 램프에 흐르는 전류를 감지하여 과전류가 흐를 시 해당 램프를 Off 한다(PCL제어 : 램프의 전류를 감지하여 기준 전류를 초과할 경우 램프의 전류를 차단).

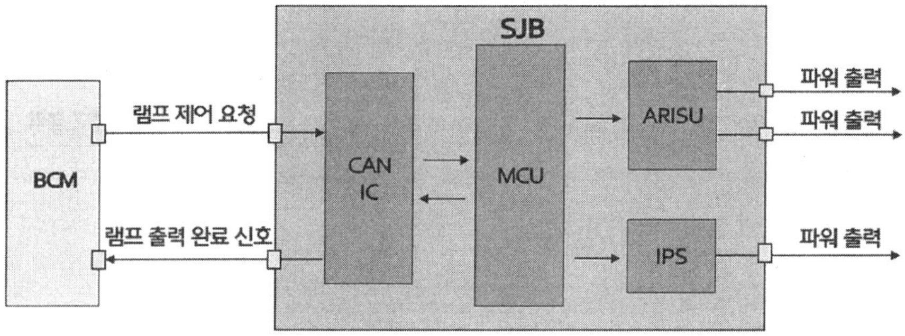

[그림 5-29] IPS 램프 제어 등가회로

5.7.1. ESS제어 기능

기존 차량에서 별도 릴레이 장착을 통해 제공하던 급제동 경보시스템(ESS : Emergency Stop Signal) 기능을 SJB 내부 IPS로 제어한다.

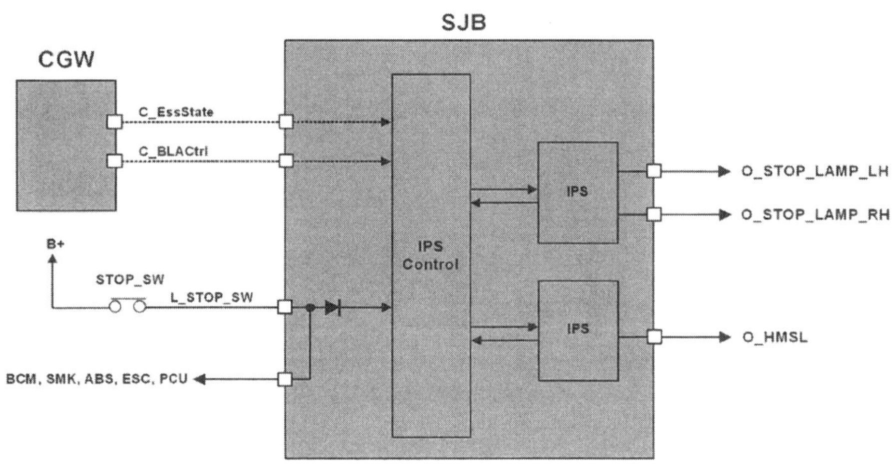

[그림 5-30] ESS제어 등가회로

5.7.2. 턴 시그널 스위치 전압 검출방식

기존 차량에서 별도 배선을 통해 입력되던 L/RH 턴 시그널 스위치 신호가 한 선으로 입력되며 SJB는 입력되는 전압의 차이로 LH/RH 신호를 판별한다.

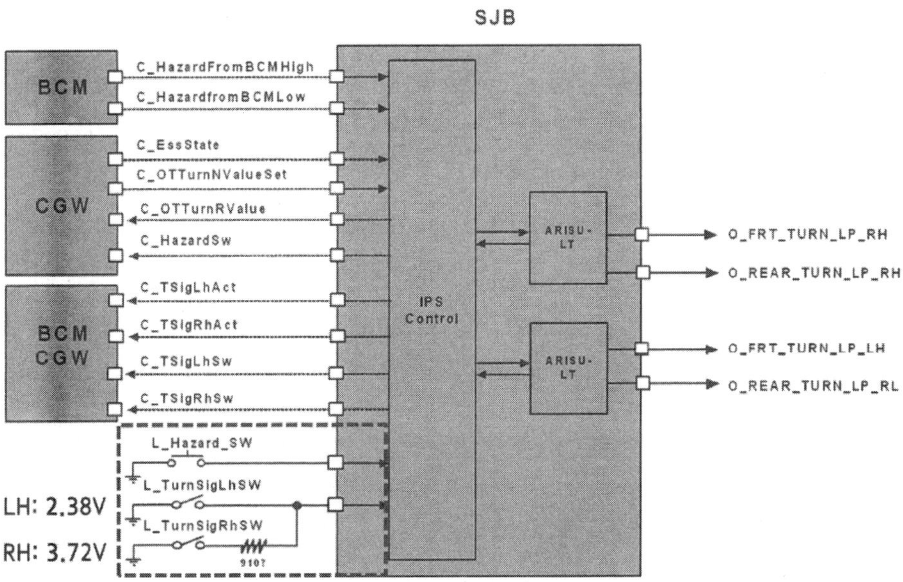

[그림 5-31] 턴 시그널 스위치 등가회로

5.8. Door Zone Architecture

DDM에서 전송하는 CAN통신 메시지를 통하여 O/S Mirror의 상·하, 좌·우 동작 및 Power Window 상·하 제어신호를 출력 제어한다.

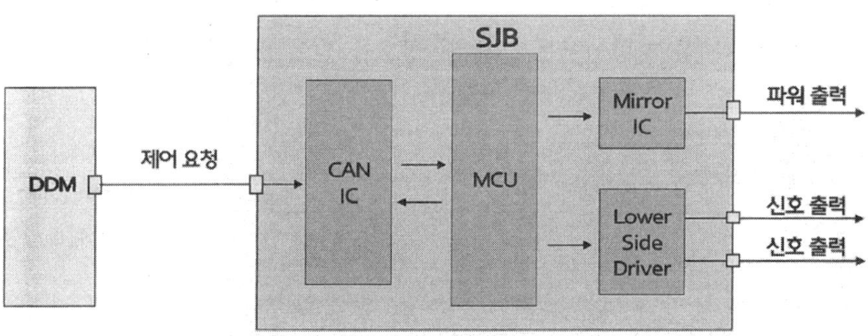

[그림 5-32] Door Zone Architecture 등가회로

5.8.1. O/S Mirror 제어

기존 차량의 아웃사이드 미러는 DDM이 직접 제어하여 구동하였으나 신 차량에서는 DDM의 신호를 받아 SJB가 아웃사이더 미러 모터의 작동을 제어한다(동승석 쪽만 해당되며, 운전석 측은 DDM이 제어한다).

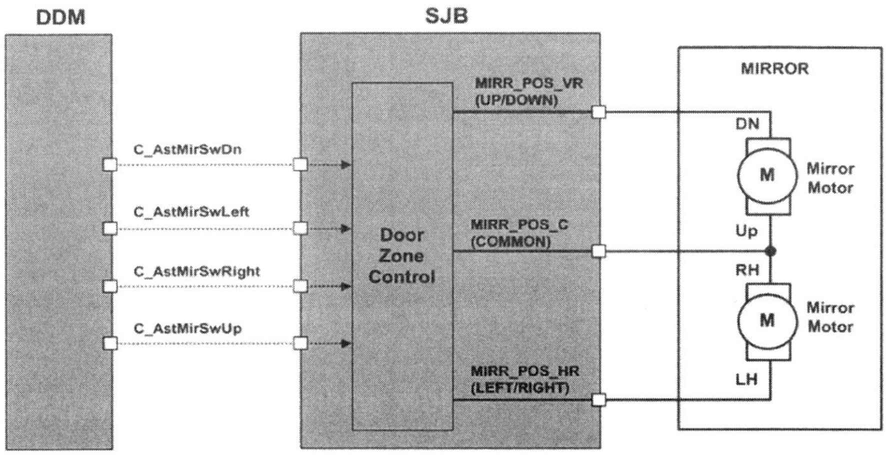

[그림 5-33] O/S Mirror 제어 블록 다이어그램

5.8.2. Power Window 제어

기존 차량의 동승석 및 리어 파워 윈도우 제어는 DDM의 CAN신호에 따라 ADM이 직접제어 하였으나 신 차량에서는 DDM의 신호를 받아 SJB가 제어한다.

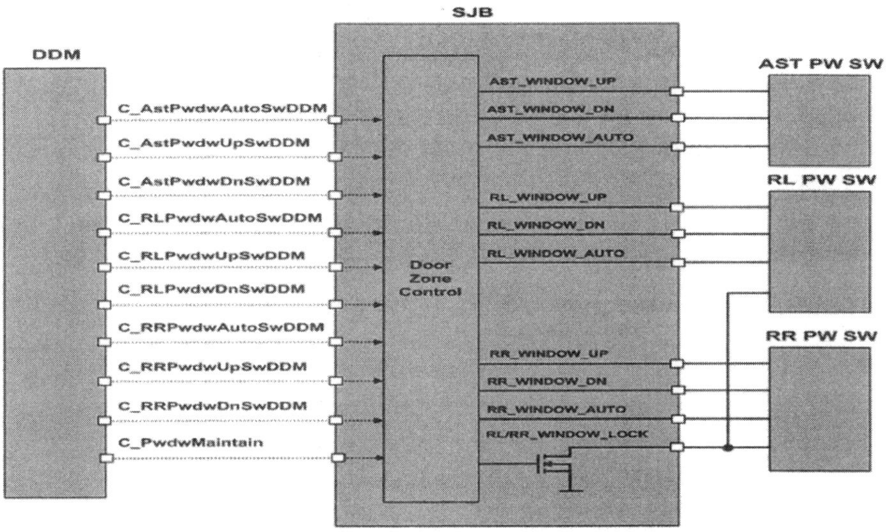

[그림 5-34] Power Window 제어 블록 다이어그램

5.9. 페일세이프(Fail-safe) 기능 제어

[1] B+ Back-Up

① 적용목적 : 메인 전원 이상(단선)에 의한 SJB 구동 불가 방지

② 동작방식 : 메인 전원(B+ 3) 단선 시 Back-Up 전원(B+ 5) 공급

[2] 암 전류 차단 릴레이 BACK-Up

① 적용목적 : SJB 내 MCU에서 제어불능 상황발생 시 해당 부하의 동작 불가 방지

② 동작방식 : IGN1 SW ON 시 BACK-UP 전원공급으로 암 전류차단 릴레이 구동

[3] H/W 안전모드(Rescue)

① 적용 목적 : SJB제어 불능 시 헤드램프 로우 출력으로 야간 시야 확보 및 주행 안전성 확보

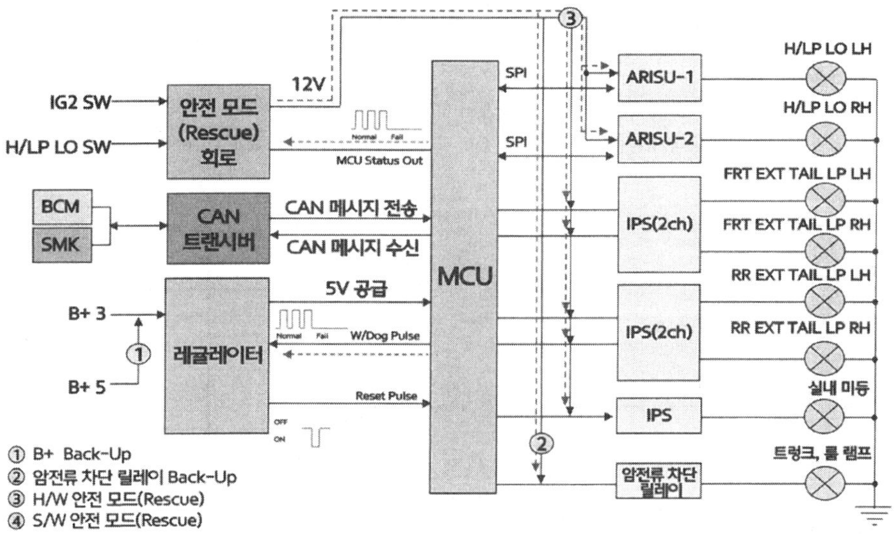

[그림 5-35]

② 동작방식 : MCU고장(외부 물리적, 전기적 충격으로 인한 동작불능 시, IGN2가 ON이고 헤드램프 로우 스위치가 ON상태이면 미등, 헤드램프 점등.

[4] S/W 안전모드(Rescue)

① 적용 목적 : CAN라인 단선 또는 BUS OFF 시 헤드램프 로우 점등으로 야간 시야 및 안전성 확보

② 동작방식 : CAN FAIL시, IGN2가 ON이고 헤드램프 로우스위치가 ON이면 미등, 헤드램프 점등

[5] CAN FAIL

주기적인 CAN Signal이 1.5초 이상 수신되지 않으면 CAN Fail 조건이 된다.

[6] MCU 초기화

IGPM의 Front-B 전원 커넥터 탈거 후 재접속 한다.

5.10. 정션박스 기능을 수행하기 위한 입·출력요소 사항

5.10.1. 동승석 리마인드 매트

동승석 안전벨트 경고를 목적으로, 승객 탑승 유무를 감지하는 매트로서 어드밴스드 에어백이 적용된 차량의 경우 승객 구분신호를 CAN통신으로 받아 BCM이 제어한다.

① 승객 있을 때 : 2.8V 이상

② 승객 없을 때 : 2.2V 이하

5.10.2. HID 옵션

PCL제어를 위해 HID 적용 유무를 확인하는 단자로 와이어링 결선으로 구분한다.(점등초기 돌입 전류량 다름).

① HID 전조등 : 접지(0V)

② 벌브 방식 전조등 : 접지 해제(12V)

5.10.3. 테일램프 옵션

정지등 및 테일 램프의 OCL기능을 수행하기 위해 LED방식과 벌브방식을 구분한다.

① LED방식 : 접지(OV)

② 벌브방식 : 접지 해제(12V)

5.10.4. 전방 안개등

전방 안개등 적용유무 설정

① 안개등 적용 : 접지(0V)

② 안개등 미적용 : 접지 해제(12V)

5.11. 램프 보호기능

IPS통해 제어하는 대상램프의 단선 및 접지단락을 감지하여 해당 회로를 차단하는 기능이다.

5.11.1. PCL(Programmable Current Limit)

① 램프에 규정이상의 과전류가 흐를 경우 감지

② 300ms 이상 과전류가 흐르면 회로 차단한다.

③ 스위치 off 후 on시 또는 IGN off 후 on시 과전류가 흐르지 않으면 램프 정상 제어

④ 과전류 감지 시 고장코드 기록

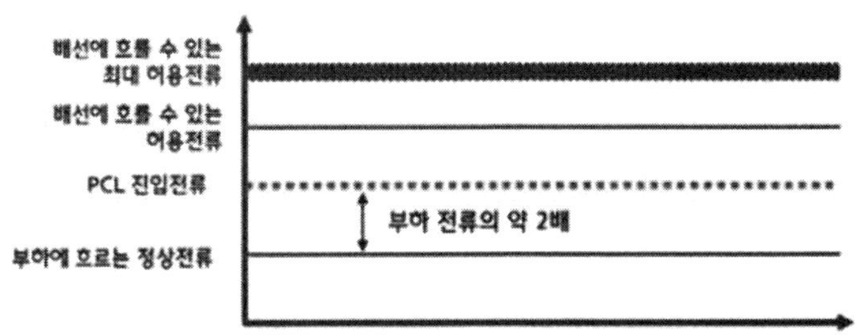

[그림 5-36]

5.11.2. OCL기능(Open Current Limit)

① 램프에 전류가 흐르지 않을 경우 단선 감지

② 램프의 단선 감지 및 방향지시등의 단선을 감지하여 빠른 점멸동작

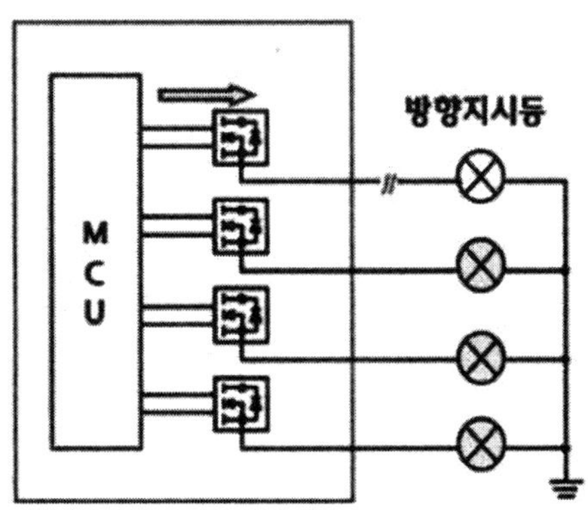

[그림 5-37]

③ 스위치 off후 on시 또는 IGN off후 on시 전류가 정상이면 램프 정상 제어

④ LED방식 램프는 OCL기능 없음

5.11.3. 부하별 허용전류 표

No	구 분	PCL 전류(일반)	OCL 전류(일반)	비교
1	전조등 Low/High 좌, 우(벌브타입)	11.5A	0.6A	
2	전조등 Low/High 좌, 우(HID타입)	12.2A	0.6A	
3	전방 안개등	11A	0.6A	
4	외부 미등(전)	3A		OCL 없음
5	외부 미등(후)	5.5A		OCL 없음
6	내부 미등	4.8A		OCL 없음
7	방향지시등(전)	6.4A	1.3A	
8	방향지시등(후)	6.4A	1.3A	
9	정지등	5.6A	0.45A	
10	스태틱 밴딩 램프	11.5A	0.7A	

5.11.4. 아반떼 램프 보호기능

No	구 분	PCL 전류(평균) 이상시 차단	OCL 전류(평균) 이하시 차단
1	전조등 Low/High 좌, 우(벌브타입)	12.5A	0.6A
2	전조등 Low/High 좌, 우(HID타입)	점등초기 : 21.7A 점등 35초 후 : 12.18A	0.6A
3	전방 안개등(좌, 우)	12.5A	0.6A
4	외부 미등(앞 좌, 우)	6.2A	감지하지 않음
5	외부 미등(뒤 좌, 우)	6.2A	
6	내부 미등	7.2A	
7	방향지시등(전 좌, 우)	7.2A	1A
8	방향지시등(후 좌, 우)	7.2A	1A
9	정지등(좌, 우)	6.2A	0.3A
10	DRL (좌, 우)	7.2A	벌브타입 0.35A

5.12. 암 전류 자동 차단장치

스위치 입력이 없을 때(Sleep 모드 진입) 주행과 관계없는 전원을 차단하여 암전류 발생을 억제하여 이상전류의 흐름을 차단한다.

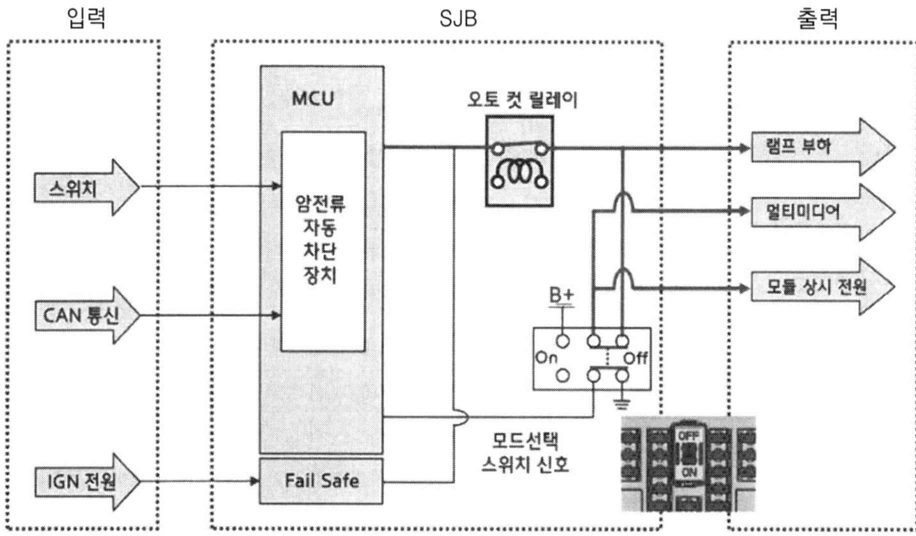

[그림 5-38]

모드스위치 상태	차량상태	자동차단 모드
고객인도전 (Off상태)	경계진입 또는 스위치 상태가 변화가 없을 때	- CAN Sleep 진입 5분 후 오토컷 릴레이 차단 - 릴레이 차단 후 SJB도 power Down
고객인도 후 (On상태)	스위치 상태가 변화가 없을 때	- CAN Sleep 진입 20분 후 오토컷 릴레이 차단 - 릴레이 차단 후 SJB도 power Down
	경계진입시	- 35초~65초 후 오토컷 릴레이차단(타 전장 모률 Sleep 대기시간 : 30초~60초, SJB Sleep 대기시간 : 5초) - 릴레이 차단 후 SJB도 power Down

암 전류차단 이후에 IGN On, 스마트 키(리모컨), 도어 스위치, 도어 록 등 주요 스위치신호가 입력되면 차단모드는 즉시 해제된다.

6 바디컨트롤 모듈(IBU : Integrated Body control Unit)

6.1. 바디컨트롤 모듈의 개요

바디전장기능 통합제어 및 스마트키 기능을 내장하고 타이어 압력센서 신호 수신(TPMS)기능까지 하나로 통합되어 바디 전장을 제어하는 모듈이다. 바디컨트롤 모듈은 다음과 같은 특징을 가지고 있다.

① IBU는 기존의 BCM과 IBU, TPMS의 기능을 모두 제어하는 전자장치의 종합 제어기 역할을 수행한다.

② IBU기능으로는 시트벨트 인디게이터, PAS, 리어 커튼, 스티어링 휠 열선 등을 제어한다.

③ IBU는 버튼 시동 스마트키, 스마트 트렁크 기능을 제어한다.

④ TPMS는 High Line 적용한다.

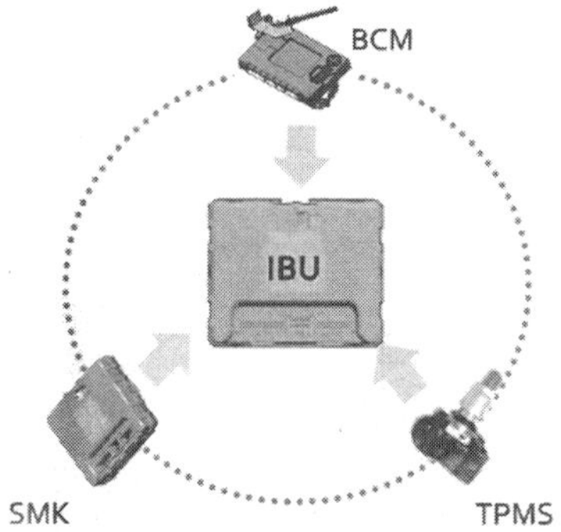

(a) 통합제어 개념

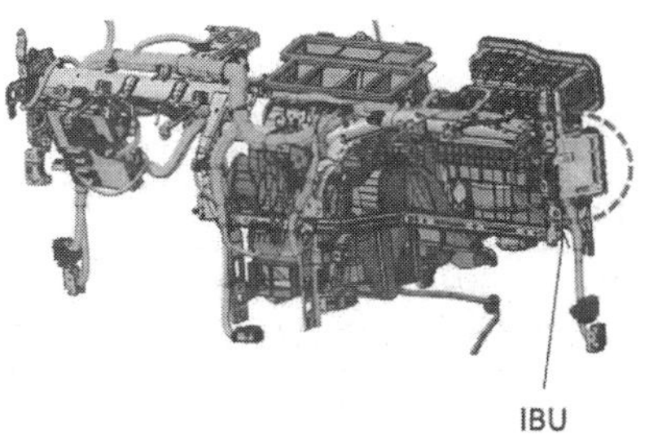

(b) 장착위치

[그림 5-39]

6.2. 파워 윈도우 제어기능

6.2.1. 속도 가변형 세이프티 파워 윈도우 제어 구성도

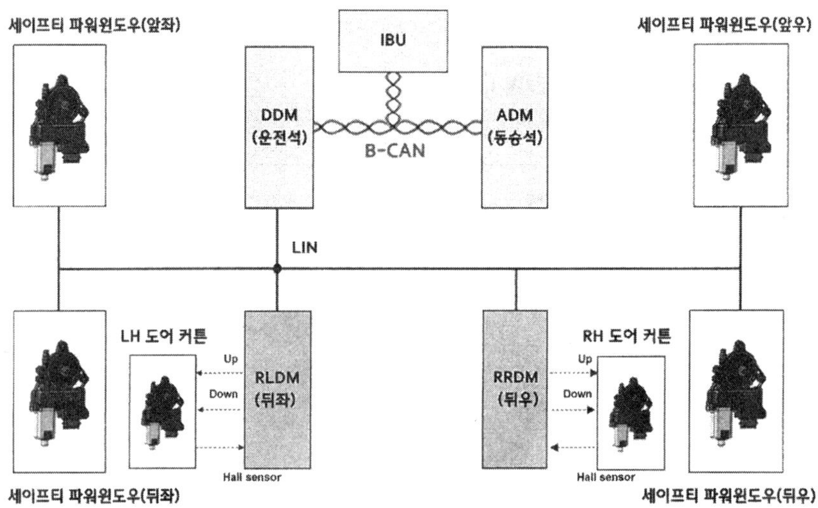

[그림 5-40]

6.2.2. 모듈별 주요 입·출력 및 제어

입력 구분	주요 제어 내용
DDM CAN입력	- 동승석 파워 윈도우 스위치 정보 - IBU 로부터 RKE에 의안 윈도우 Up/Down 명령수신
DDM LIN입력	- RLDM, RRDM 스위치로부터 리어 좌·우측 스위치 및 커튼 위치 정보 - 앞좌, 앞우, 뒤좌, 뒤우 세이프티 파워 윈도우로부터 윈도우 개폐상태 정보
DDM LIN출력	- 윈도우 동작 가능상태를 판단하여, 앞좌, 앞우, 뒤좌, 뒤우 세이프티 파워 윈도우에 Auto Up, Auto Down, Manual Up, Manual Down 명령송신 - IBU로 부터 신호를 수신하여 Front 윈도우(앞좌, 앞우), Rear윈도우(뒤좌, 뒤우) Up, Down, Stop 명령송신 - LH/RH 도어 커튼 출력을 판단하여 RLDM, RRDM에게 Up, Down 명령 송신

6.2.3. 리모컨 연동 파워 윈도우 제어

[1] 입・출력 및 제어특징

① LOCK 버튼을 3초 이상 작동시키면 윈도우 Up

② 도어가 UNLOCK 상태에서 LOCK을 하면 도어 LOCK후 윈도우가 작동

③ 4개의 윈도우를 동시에 작동해야 할 조건에서는 앞쪽 먼저 작동 후 200ms 후에 뒤쪽 작동

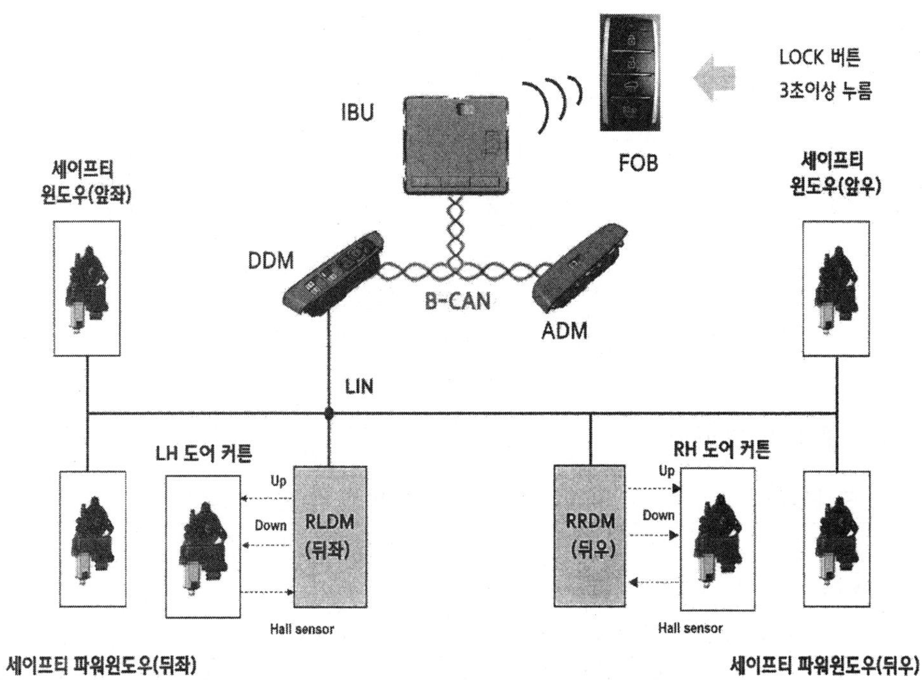

[그림 5-41]

6.2.4. 파워 도어록, 언록 제어

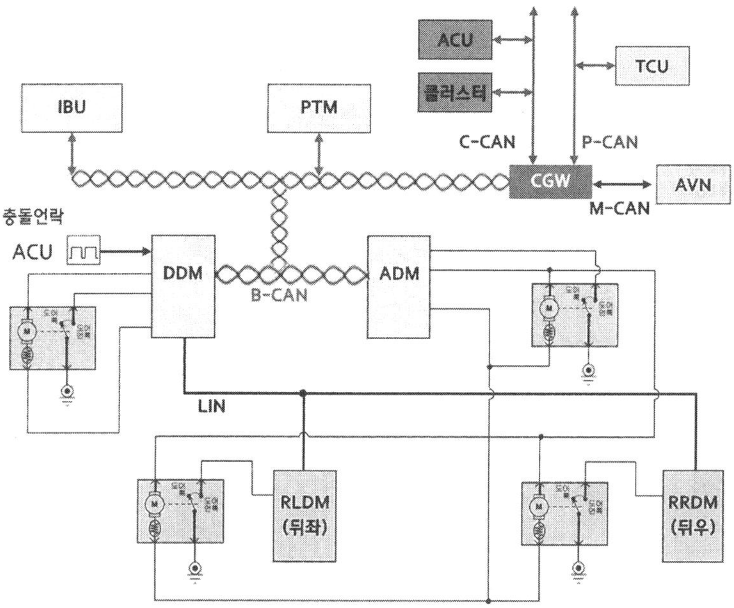

[그림 5-42]

[1] 입·출력 및 제어특징

구 분	주요 입·출력 및 제어내용
DDM	- Crash Unlock 입력, 운전석 도어 록 액추에이터 제어 & 운전석 액추에이터 록·언록 상태 모니터링 - CAN통신 메시지 송·수신, 집중 도어 록·언록 동작 관련 CAN통신 메시지 송·수신 & 액추에이터 상태 정보 송신
ADM	- 동승석, 뒤좌, 뒤우 도어 록 액추에이터 제어 & 동승석 액추에이터 록·언록 상태 모니터링 - CAN통신 메시지 송·수신, 집중 도어 록·언록 동작 관련 CAN통신 메시지 송·수신 & 액추에이터 상태 정보 송신
RLDM RRDM	- 뒤좌, 뒤우 액추에이터 록·언록 상태 모니터링 - LIN 메시지 송신, 뒤좌, 뒤우 도어 록 액추에이터 상태 정보를 DDM으로 송신
IBU	집중 도어 록·언록 제어 관련 정보 CAN통신 메시지 송·수신, 버글러 알람 상태, 30초 Relock, 액추에이터상태 등

6.2.5. 아웃사이드 밀러 제어

[1] 시스템 구성 Block Diagram

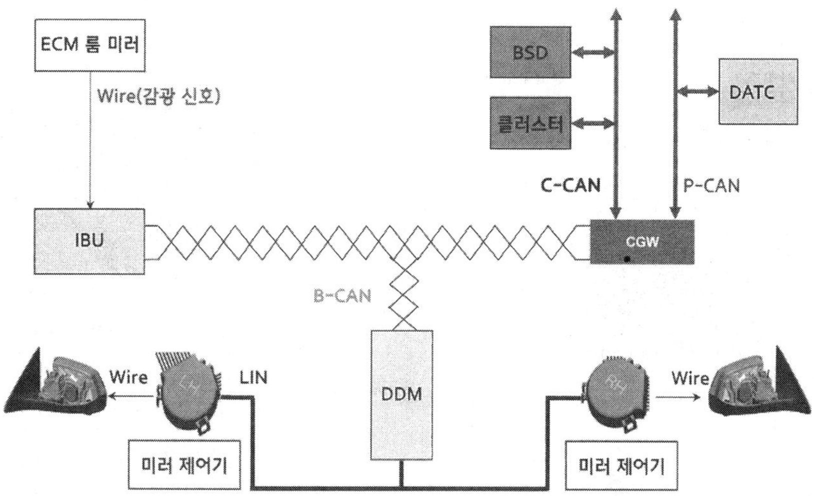

[그림 5-43]

[2] 모듈 별 주요 입·출력 및 제어내용

구 분	주요 제어 내용
ECM룸 밀러	실내 룸 미러에 장착된 센서를 통해 ECM룸 미러 감광 실행 결과값(On, Off신호)을 배선을 통해 IBU로 출력 → IBU는 입력된 값을 DDM으로 전송 → LIN 메시지로 좌·우 미러 제어기로 전송 → 아웃사이드 미러 감광제어
IBU	- 아웃사이드 미러 열선 출력 CAN통신 메시지를 DDM으로 전송 → LIN 메시지로 좌·우 미러 제어기로 전송 → 아웃사이드 미러 열선제어 - 패시브 록·언록 CAN통신 메시지 전송, RKE, 패시브 미러 폴딩, 언폴딩 제어
DDM	- 아웃사이드 미러 각도 신호 및 위치 값(IMS제어, 오토리버스 포함) LIN통신 메시지로 송·수신 → 제어기 - 미러 폴딩, 언 폴딩 제어신호 LIN통신 메시지로 전송 → 미러 제어기

[3] 미러 통합 제어기

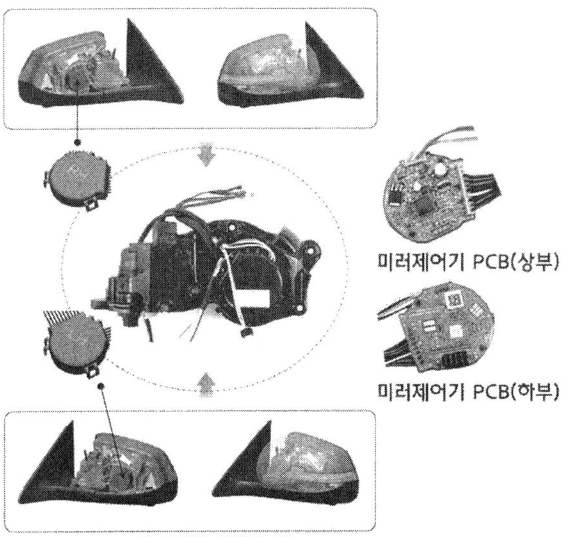

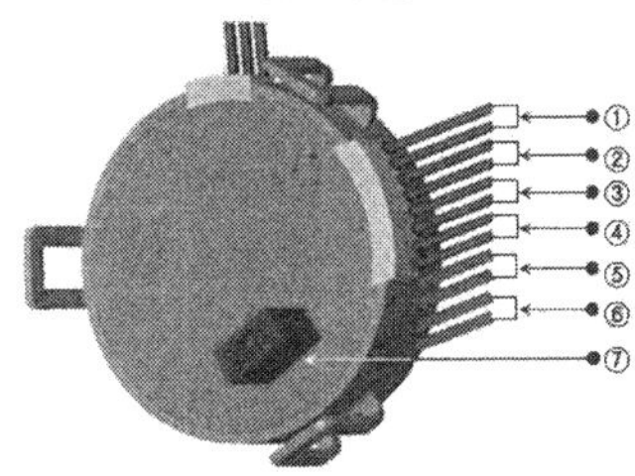

No	Pin 기능
①	전동 폴딩 유닛(모터 제어)
②	미러 열선
③	퍼들 램프
④	BSD 경고등
⑤	ECM 감광 미러
⑥	외기 온도 센서
⑦	액추에이터(미러 각도 제어)

[그림 5-44]

[4] 미러통합 제어기 회로도

① DDM(LH), ADM(RH)이 LIN통신으로 미러 제어기 제어

② 외기 온도센서는 운전석(LH)에만 적용

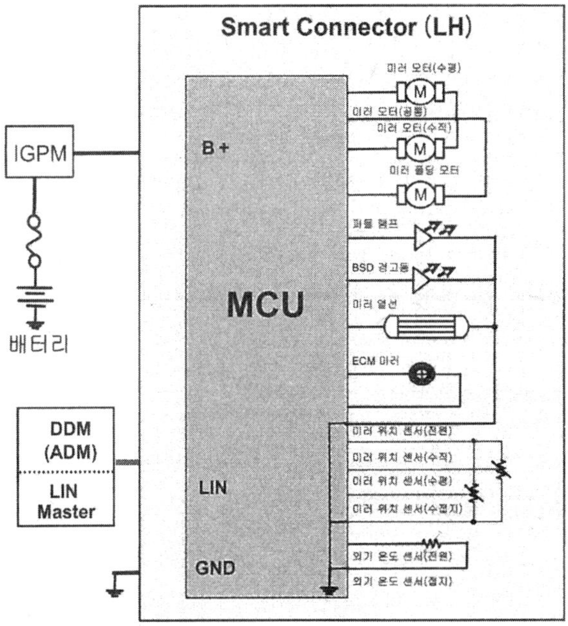

[그림 5-45]

6.2.6. 와이퍼 제어시스템

[1] 시스템 구성 Block Diagram

와이퍼 제어는 B-CAN과 LIN통신을 통해 이루어진다.

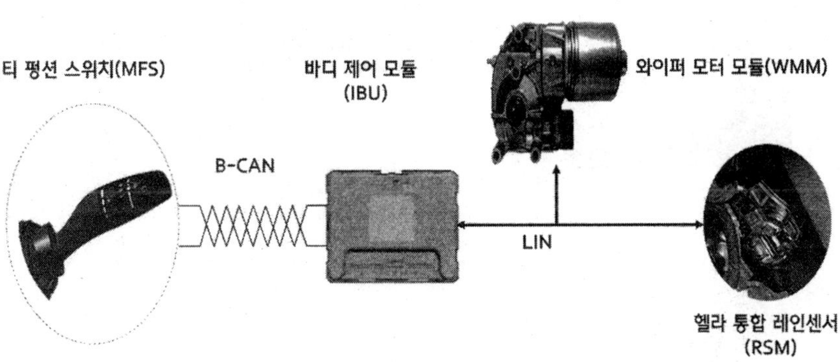

[그림 5-46]

[2] 와이퍼 시스템 주요 입·출력 및 제어내용

구 분	주요 제어내용
멀티펑션 스위치	멀티 펑션 스위치(와이퍼)의 각종 스위치 선택 신호를 B-CAN 통신라인을 통해 IBU로 전송한다.
IBU	IBU는 LIN 통신라인을 통해 와이퍼 제어 관련 스위치 신호, 와이퍼 작동 명령 및 레인 센싱 제어 관련 신호를 전송한다.
와이퍼 모터	와이퍼 모터 모듈은 모터작동, 고장 상태, 모터 위치(파킹 포지션, 와이퍼 작동 중) 정보를 LIN 통신라인을 통해 IBU로 전송한다.
레인 센서	레인센서 모듈은 빗물 량 감지에 따른 와이퍼 Low, High 구동신호, 센서 고장정보 등을 IBU으로 전송하면 IBU는 와이퍼모터로 작동 신호를 전송한다.

6.2.7. 헬라 통합형 레인센서 시스템의 구성

[1] 시스템구성

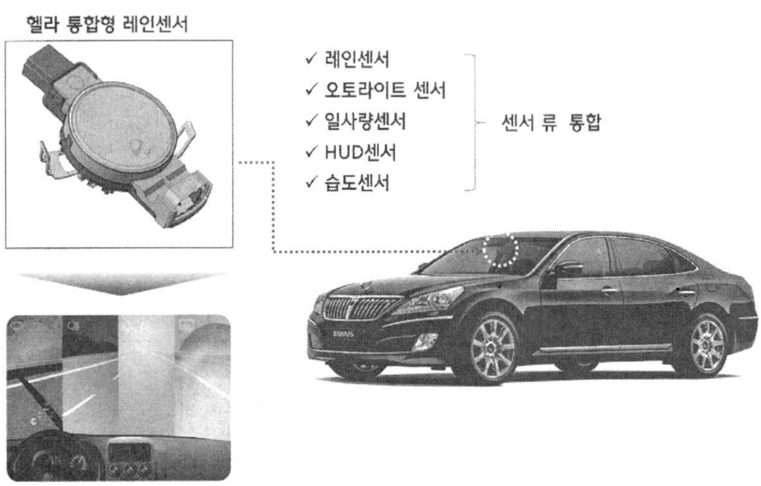

[그림 5-47]

[2] 입·출력 및 제어특징

구 분	주요 입·출력 및 제어내용
레인 센서	빗방울을 감지하여 와이퍼를 자동 제어한다.
오토라이트센서	차량 주위와 전방의 빛의 밝기를 감지하여 오토라이트를 제어한다.
일사량 센서	차량내부에 비춰지는 빛의 방향을 감지하여 공조시스템에 그 신호를 보내준다.
HUD 센서	차량으로 반사되는 빛의 밝기를 감지하여 HUD 밝기를 제어한다.
습도 센서	앞 유리의 습도와 온도를 감지하여 공조시스템에 그 신호를 보내준다.

[3] 헬라 통합 레인센서 와이퍼 연동 오토라이트 제어

빗물의 량에 따라 와이퍼와 오토라이트를 연동 제어한다. 헬라 통합 레인센서 와이퍼 연동 오토라이트 제어 상세 로직은 다음과 같다.

① 수동으로 와이퍼를 LOW또는 HI로 5초 이상 작동시키면 오토라이트 ON신호를 전송한다.

② 사용자가 빗물 감지 후 AUTO모드를 선택했을 경우 30초 이내에 2회 이상 와이핑 동작이 된다면 오토라이트 ON신호를 전송한다,

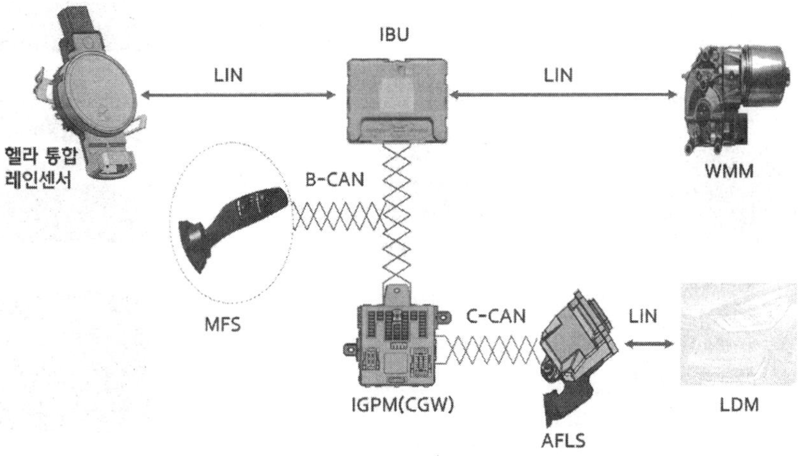

[그림 5-48]

③ 빗물 감지 이전에 AUTO모드를 선택했을 경우 60초 이내에 4회 이상 와이핑 동작이 된다면 오토라이트 ON신호를 전송한다.

④ 상기 제어동작 중 60초 동안 2회 미만 와이핑 동작 시 2분 후에 오토라이트 OFF신호를 전송한다.

⑤ 수동으로 와이퍼 작동 후 와이퍼 OFF상태로 30초 이상 유지 시 오토라이트 OFF신호를 전송한다.

[4] IBU-헬라 센서 LIN통신

헬라 통합 레인센서 LIN통신은 다음과 같다.

① 헬라 통합 레인센서는 LIN통신을 통해 IBU와 정보를 송·수신한다.

② IBU로 부터 받는 신호는 와이퍼 위치, IGN ON, 스위치감도, 차량속도, 유리 특성의 신호를 받는다.

③ IBU로 주는 신호는 와이핑 요청, 라이트 ON/OFF, 일사량 센싱 값, 앞 유리 온도와 습도, HUD 밝기 신호 값을 보낸다.

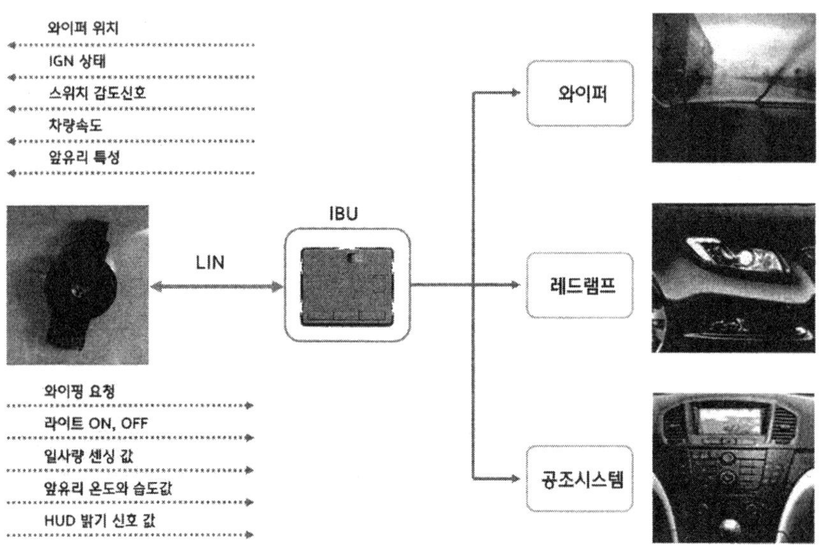

[그림 5-49]

[5] 윈도우 열림 알림

윈도우 열림 알림 입·출력 및 제어특징은 다음과 같다.

윈도우 열림 신호는 세이프티 ECU에서 12펄스(5mm) 이상의 위치 정보를 입력받았을 때 송신한다.

① 각 도어 세이프티 ECU에서 LIN통신을 통해 DDM으로 윈도우 정보를 송신한다.

② DDM은 B-CAN통신을 통해 IGPM에 정보를 송신한다.

③ IGPM은 C-CAN통신을 통해 클러스터에 정보를 송신한다.

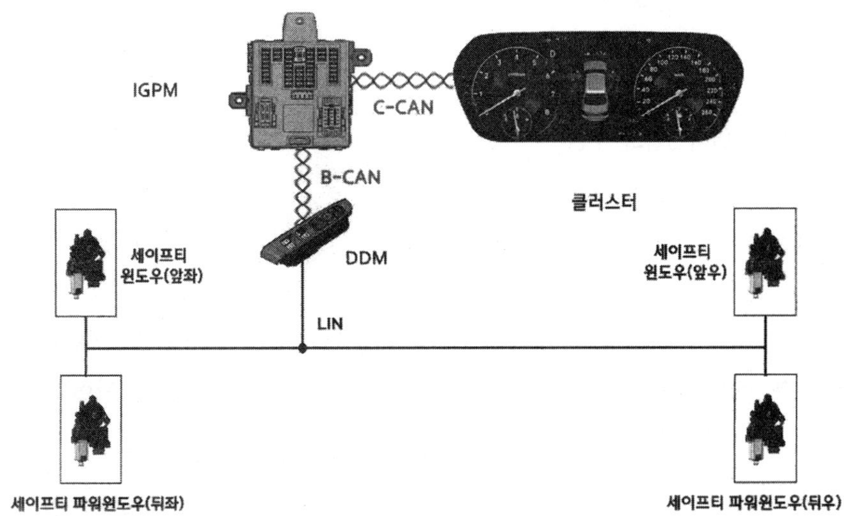

[그림 5-50]

[6] 암전류 차단 스위치 Off시 알림

SOC 표출은 고객에게 차량인도 시 또는 장기간 방치 시 배터리방전을 방지하기 위한 기능으로 입·출력 및 제어특징은 다음과 같다.

① 총 주행거리 50km 이하에서 표시한다.

② 암 전류 차단 스위치 OFF(고객 인도전 모드) 상태에서 표시한다.

③ 고객에게 차량인도 후 배터리방전을 사전에 예방하기 위해 표시한다.

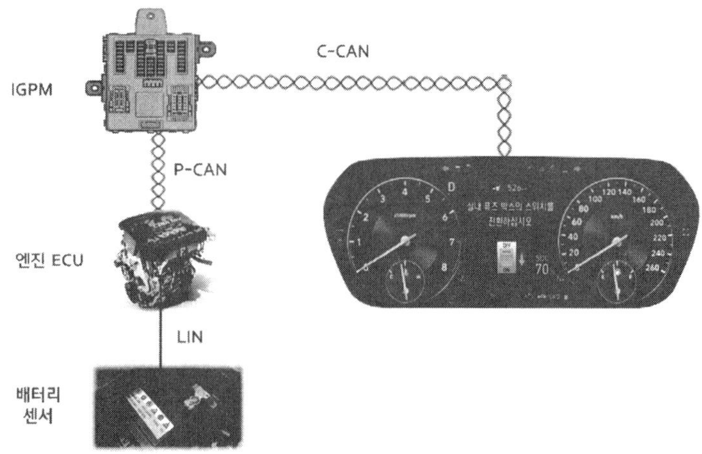

[그림 5-51]

[7] 헤드램프 제어시스템의 구성

(1) HI 헤드램프는 HID와 LED타입의 램프 적용.

Full AFLS는 C-CAN통신 라인을 통해 차속, 차고, 조향각 센서 등 차량의 다양한 전장 Unit으로 부터 제공되는 CAN통신 Data를 입력신호로 받아 야간주행 시 발생되는 여러 가지 운전상황(도로상태, 주행상태, 승차인원 및 화물 적재량) 변화에 대해 최적의 헤드램프 조명 상태를 제공하기 위안 지능형 전조등시스템이다.

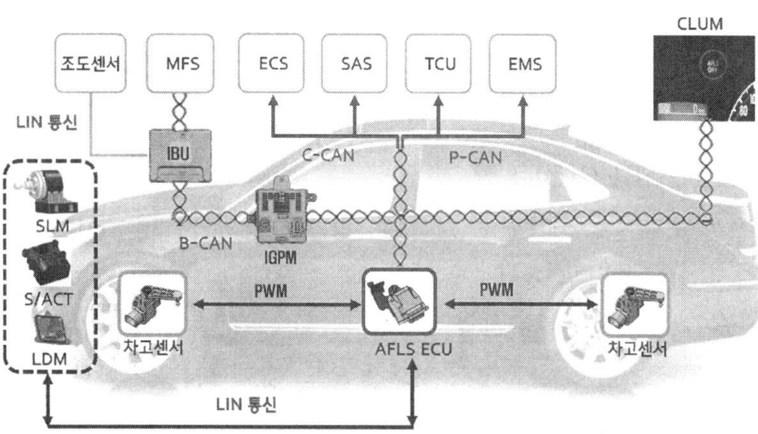

[그림 5-52]

(2) AFLS제어 시스템의 구성

역 할	입력요소	시스템 제어 (AFLS)	시스템 출력 (헤드램프)
형 상	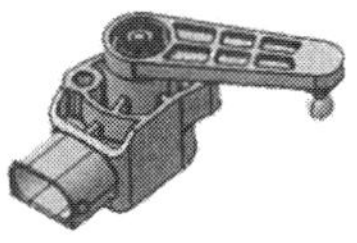		
기 능	-차량 주행상태(속도, 차량기울기, 조향각) 및 각종 센서를 통한환경 신호수집 -차고센서(PWM) -기타 입력(CAN)	-입력신호를 연산, 판단하여 출력부 제어 -중앙처리장치(ECU)	-입력조건에 적합한 최적 조명 패턴조사 -LDM

CHAPTER 06

Driving safety device Convenience device System

섀시 통합제어시스템

1 통합제어의 개요

섀시 통합제어 = 주행모드 통합제어 + HVCS 섀시 통합제어를 ESC ECU H/W를 이용(유압장치와는 무관)하며 로직 연산, CAN통신 송수신, 고장처리 수행 등을 한다.

① 운전자 선택모드

② 자동모드 : 긴급회피 보조모드

③ SMART 모드

④ Individual 모드

2 주행모드 통합제어(i-DMIC)

[1] 운전자 선택모드

운전자가 DRIVE MODE 버튼 클릭 시 개별시스템 모드 변경

[2] 자동모드 적용

긴급회피 보조모드(충돌 위험경보 시 ESC/ECS 모드 자동 변경)

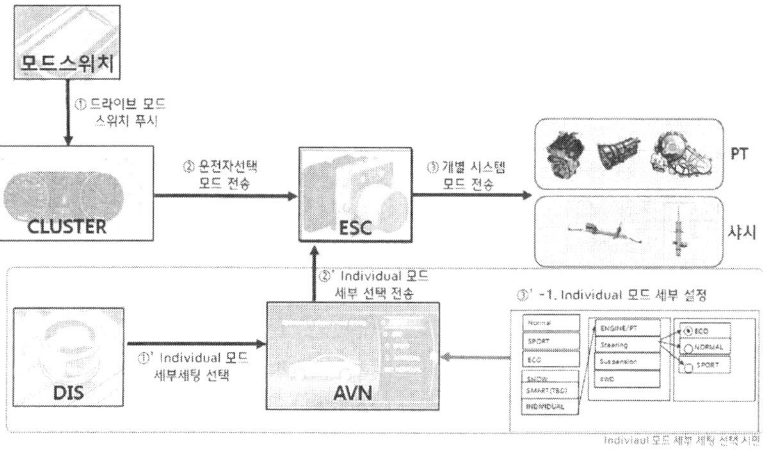

[그림 6-1]

[3] SMART모드 적용

TCU가 계산한 운전자 성향 판단 정보를 기반으로 개별 섀시시스템 모드로 자동변경하는 모드 적용

[4] Individual 모드 적용

운전자가 각 개별 시스템 모드를 직접 변경을 결정하는 모드

3 ⋙ HVCS 섀시 통합제어(DSDC)

ESC ECU 내부에 로직 연산위치, 필요 입출력 신호는 ESC를 통하여 전달되며 ECS(전자제어 댐퍼) 전·후륜의 감쇠력 제어를 통한 핸들링(민첩성 및 안정성) 성능을 향상한다.

① ECS(전자제어 댐퍼)를 이용한 차량 횡 거동 제어

② 민첩성 제어 : 일반 선회 시 민첩성 증대, 긴급 선회 시 회피 성능향상(전륜 댐퍼를 부드럽게, 후륜 댐퍼를 단단하게 세팅)

③ 안정성 제어 : ESC 진입조건에서 안정성 증대를 통한 ESC 개입 최소화 및 이질감 최소(전륜 댐퍼를 단단하게, 후륜 댐퍼를 부드럽게 세팅)

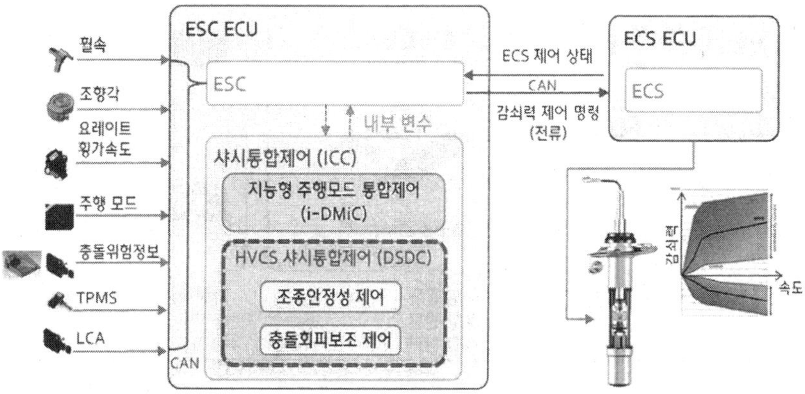

[그림 6-2]

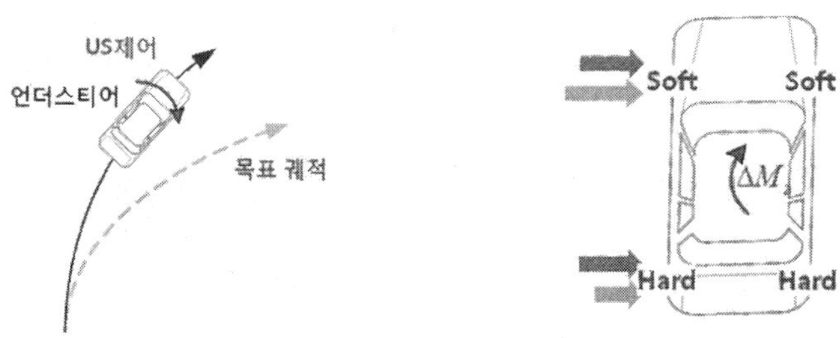

언더 스티어 조건 전륜 Soft
(a) 후륜 Hard 제어(민첩성 UP)

오버 스티어 조건 전륜 Hard
(b) 후륜 Soft 제어(안정성UP)

[그림 6-3]

4 ››› 스마트(Smart)모드

4.1. 스마트모드의 개요

운전자의 가속페달, 핸들링 조작 등을 학습 및 실시간 감지하여 기존에 제공되던 ECO, COMFORT, SPORT 모드 중 현재의 운전상황에 가장 적합한 주행모드를 자동으로 제어하는 인공지능 주행모드시스템이다.

운전 정보 입력	운전 성향 판단	차량 제어
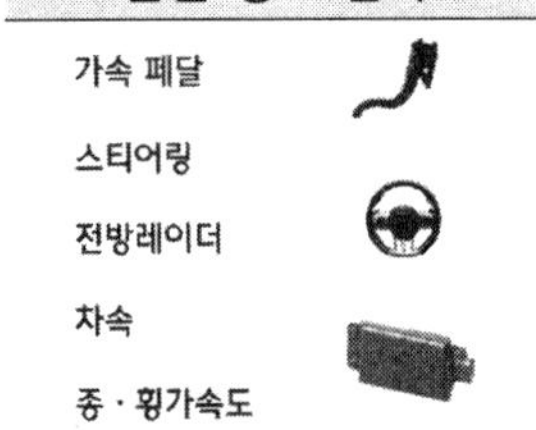		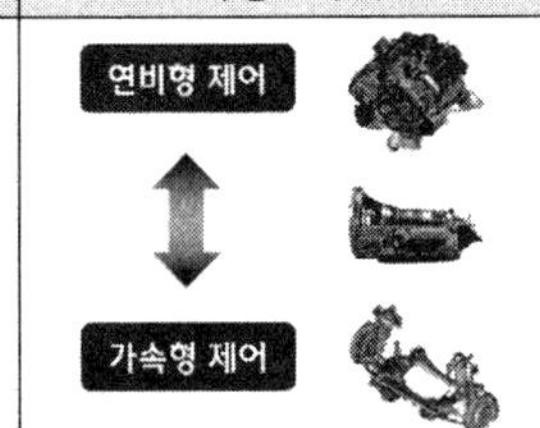
운전조작 및 도로특성 검출	발진성향 판단 가속성향 판단 선회성향 판단	차량제어 모드 연비형 표준형 가속형

4.2. 스마트모드의 장점

① 고객의 운전성향을 실시간 학습하여 마일드 고객에게는 연비와 정숙성을, 스포티 고객에게는 가속 및 코너링 성능을 제공한다.

[그림 6-4]

② 고객의 운전성향을 클러스터 상에 마일드 ⇔ 다이나믹의 그래프로 표시하여 연비 및 안전운전을 유도한다.

③ 현재의 주행모드를 클러스터에 표시하여 인식성을 극대화한다.

CHAPTER 07 AVM[Around View Monitoring]

1 AVM시스템의 개요

차량의 전방, 양 측면, 후방에 각 1개씩 총 4개의 초 광각 카메라로부터 입력된 영상을 합성기술을 기반으로 차량 주변의 360도 조감도를 위에서 아래로 내려다 본 영상을 제공하는 시스템이다. AVM시스템은 주차 및 저속운행 시 차량 주변 영상을 운전자에게 제공하여 차량운행의 안전성과 편의성을 향상시키는 것을 목적으로 한다.

① 차량 주변 영상 표시기능
② 가이드라인 조향 연동 표시기능
③ 전후방 근접 경고 표시기능
④ AS 공차 보정기능

등을 실시간으로 제공하는 주차 지원시스템이다.

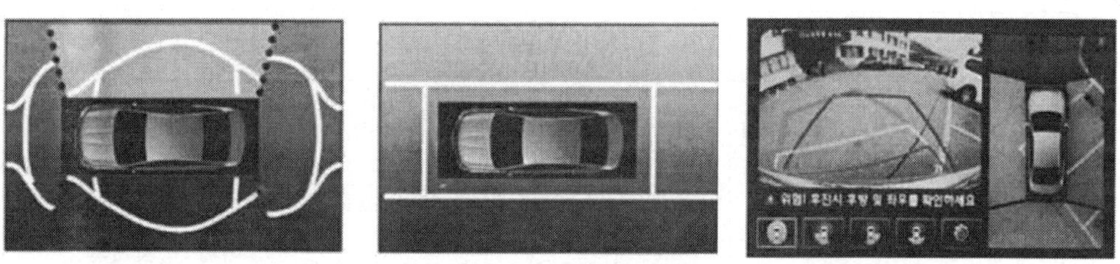

(a) 카메라 영상　(b) 어라운드 뷰 합성영상　(c) 어라운드 뷰 및 후방표시

[그림 7-1]

2 ››› 전체시스템 블록도

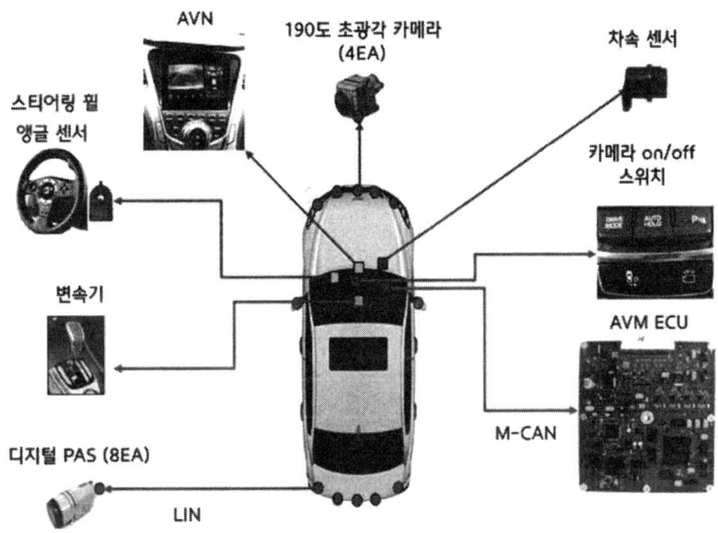

[그림 7-2]

3 ››› 시스템 상세기능

NO	주요기능	상세설명	비교
1	8개 뷰 모드 제공	전방 4개 뷰모드, 후방 4개 뷰모드 제공	왜곡보정, 시점 변환, 영상합성
2	전방지원 모드 선택 기뉴	전방 모드 선택 스위치 이용한 전방 모드선택 기능	PGS blind 스위치와 통일
3	후방 조향연동 주차지원	실시간 조향 연동 주차 가이드선 제공	후방영상에 표시
4	PAS 경보 표시	후방 및 전방 PAS 경보 표시	클러 A에 표시 로직과 동일
5	사용자 기능선택 옵션	조향 연동 가이드 선 표시 여부 전후 충돌 경보(PAS) 표시 여부 전방, 후방 뷰 초기화면 설정	별도설정 화면제공
6	인라인 공차보정 기능	카메라 장착 오차 및 인라인 조립공차에 대한 보정 자동차 생산라인별도 공차보정 작업필요	보정점 영상 인식 로직적용

4 AVM 뷰

4.1. AVM 뷰 표현 로직

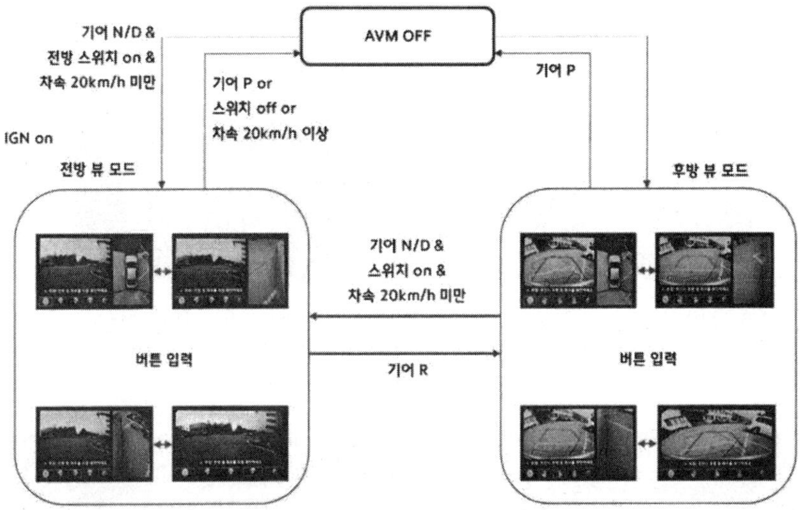

[그림 7-3]

4.2. AVM 뷰 모드

(a) 전방 뷰+어라운드 뷰

(b) 전방뷰+운전석 전축장 뷰

(c) 전방뷰+조수석 전축장 뷰

(d) 전방 와이드 뷰

[그림 7-4] 전방 뷰 모드

(a) 후방뷰+어라운드 뷰

(b) 후방 뷰+운전석 전축장 뷰

(a) 후방뷰+조수석 전축장 뷰

(b) 후방 와이드 뷰

[그림 7-5] 후방 뷰 모드

후방 뷰/후방 와이드 뷰에서 조향 연동 가이드라인 및 고정 가이드라인 제공

[그림 7-6]

5 공차 보정

5.1. 보정시기

① 생산공장에서 차량 조립 후 조립 오차 보정

② AVM고장으로 인한 교체 및 기타 이유로 조립편차가 발생했을 경우

③ 사고로 인한 전방 그릴 및 후방 범퍼, 좌, 우사이드 미러 교환 수리 시

5.2. 보정조건

① 4개의 카메라를 장착하는 인라인 공정에서 장착 공차로 인해 발생하는 설계기준 영상 대비 어라운드 뷰 영상의 오차를 보정하기 위해 AVM ECU는 공차보정 프로세스를 내장하였다.

② 공차보정 프로세스에 진입하기 위해서는 아래 차량 조건이 만족하고 외부진단 장비에서 공차보정 진입 명령을 수신한 경우 진입하게 된다.

[차량조건]

AVM상태		진단 통신	비 교
기 어	차 속	공차보정 모드 진입 명령 수신	공차보정 초기 뷰 표시 AVM 스위치 LED 1Hz 점멸유지
N	차량 정지 상태		

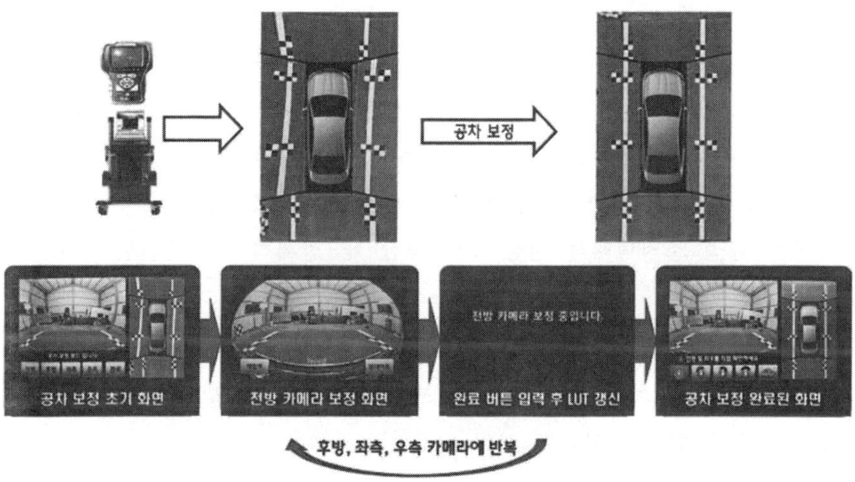

[그림 7-7]

5.3. 공차 보정 환경요약

5.3.1. 차량정렬 기준

① 대상 차량은 차량 위치 공간 내 전륜 축을 1m 지점에 위치해야 한다.

- 전륜축이 모든 차량의 정렬기준 임

② 전후, 좌우 정렬 오차는 3cm 이하로 관리(좌우 ± 3cm)

- 한축에 대하여 3cm가 넘어 갈 경우에 보정 시 영상과 차량의 오차를 운전자가 인지 가능

③ 정렬 시 회전오차는 좌우 1도 이내로 관리한다(회전오차가 1도인 경우 차량전면/차량후면은 3cm 이상 오차발생).

5.3.2. 환경 셋업 시 주의사항

① 보정판 흰색 검은색 방향 주의하여 셋업

② 보정판의 센터 위치는 매우 정밀한 설치 필요(보정 품질에 직접적인 영향을 미칩)

- 기준 좌표이기 때문에 위치 정밀도가 매우 중요함(거리, 직각 등 정밀하게)

③ 좌측 그림상에 점선은 바닥에 존재하는 선이 아님

④ 바닥면, 보정판, 라인은 모두 무광 수성 페인트 사용

⑤ 바닥면은 밝은 녹색, 보정 타겟은 흰색+검은색, 보정결과 확인용 라인은 흰색임

⑥ 바닥면, 보정 타겟이 얼룩 등으로 오염 되지 않도록 관리 필요

⑦ 작업공간 내 오인식 가능한 물체 없을 것(작업시 작업공간 내 작업자 없을 것)

⑧ 조명은 간접 조명형태를 권장, 보정공간 내 전체적으로 균일한 조도를 상시유지 할 수 있도록 셋업 필요

⑨ 태양광 및 직접 광에 의한 영향 절대 없을 것(낮, 밤, 계절에 따른 국부 조도가 변하지 않도록, 차량 등의 라이트 카메라에 비치지 않도록 등 보정공간 천막 등을 이용한 외부광 차단막 설치 필요

⑩ 조도는 약 500LUX(±20LUX)로 셋업

⑪ 차량, 기구물 등에 의한 그림자 등이 발생하지 않도록 셋업

⑫ 후방 카메라의 경우 기온과 습도에 따라 머플러의 연기로 인하여 인식 대상체가 가리는 연상으로 간헐적으로 오인될 수 있음 시동 걸지 않은 상태에서 작업 진행 권장

⑬ 카메라 렌즈 오염 또는 렌즈보호 필름이 있을 경우 인식 불가하다.

- 카메라 렌즈 오염되지 않도록 관리 필요

⑭ 흰색 라인용 보정 결과를 확인하기 위한 선으로, 별도 확인공정 있을시 삭제가능

⑮ 다수 라인 설치시 라인별 공차 보정 환경 편차가 없도록 라인 셋업 필요

⑯ 보정용 격자판 주변에 기구장치 등으로 카메라를 가리지 않도록 셋업 요망

⑰ 보정공간은 반드시 평지여야 하며, 보정용 격자판은 지면과 단차(높이차)가 없어야함.

5.4. 공차보정 작업완료 확인

(a) 공차 보정전 초기화면　　　　(b) 공차 보정 후 AVM 초기화면

[그림 7-8]

① AVM 초기 설정 영상(전방 뷰 화면 + 어라운드 뷰 화면)이 출력되는 지 확인한다.

② 갱신된 화면에 의해 어라운드 뷰 영상이 출력되는 지 확인한다.

③ 어라운드 뷰 영상에서 흰색선이 위의 그림과 같이 똑바로 표시되는 지 육안 확인한다.

- 최대 8cm의 이격 오차발생 가능하며, 8cm 이내의 오차발생시 양품으로 판단한다.

④ 어라운드 뷰 영상의 육안확인 결과 영상이 잘못되어 있을 경우 재작업이 필요하다.

⑤ 공차보정이 정상적으로 이루어졌을 경우 차량의 전원을 OFF 상태로 전환한다.

CHAPTER 08

Driving safety device Convenience device System

설정 및 초기화

1 설정 초기화 및 작동법

1.1. 공조장치

1.1.1. 자기진단

[1] 오토 디포깅 설정 및 해제방법

습도에 따라 자동으로 DEF모드로 제어

① Auto Defog 동작 중 DEF버튼을 3초 이상 누른다(설정 해제).

② 설정 해제 상태에서 DEF버튼을 3초 이상 누른다(설정).

[2] 수동 디포깅 설정 및 해제방법

DEF 버튼을 눌러 수동으로 앞 유리 제습

① DEF 선택 후 A/C버튼을 누른 상태로 3초 이내에 내·외기 버튼을 5회 이상 누른다.

② 설징 완료 시 A/C 및 내·외기는 설정 이전 상태로 동작한다(기본 동작 : A/C On, 외기 제어).

③ 설정 및 복귀방법은 동일하다.

[3] 온도단위(℃ ↔ ℉) 변경방법

① Off 버튼을 누른 상태로 Auto 버튼을 3초 이상 누른다.

② 다른 단위로 변환방법은 동일하다.

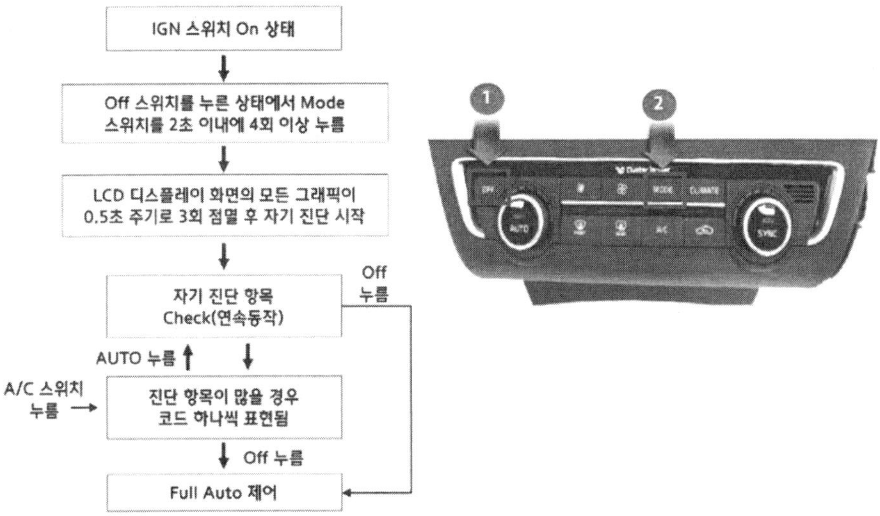

[그림 8-1]

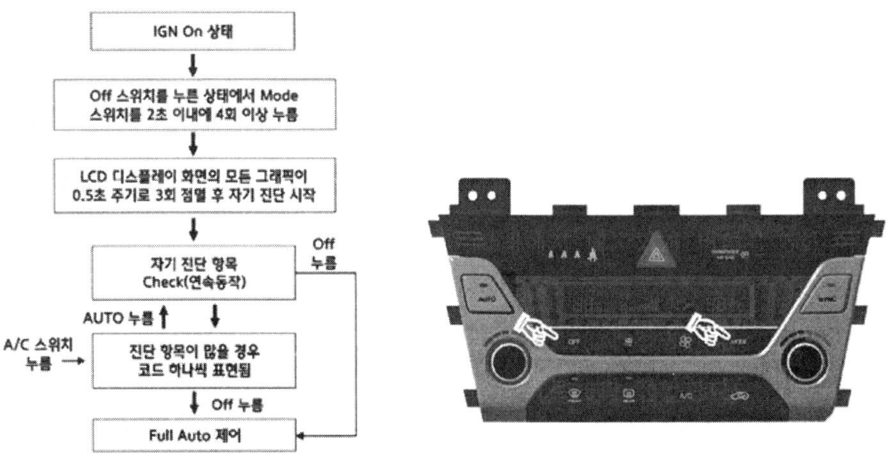

[그림 8-2] 아반떼 공조장치 초기화 방법

(1) 오토 디포깅 설정 및 해제방법

습도에 따라 자동으로 DEF모드로 제어

① Auto Defog 동작 중 DEF 버튼을 3초 이상 누른다(설정 해제)

② 설정 해제상태에서 DEF 버튼을 3초 이상 누른다(설정)

③ 해제, 복귀 시 ADS 심볼은 3회 점등 및 소등한다.

(2) 수동 디포깅 설정 및 해제방법

DEF 버튼을 눌러 수동으로 앞 유리 제습

① DEF 선택 후 A/C 버튼을 누른 상태로 3초 이내에 내·외기 버튼을 5회 이상 누른다.

② 설정완료시 내·외기 표시등이 0.5초 추기로 3회 점멸한다.

③ 설정완료시 A/C 및 내·외기는 설정 이전 상태로 동작한다.

④ 설정 및 복귀방법은 동일하다.

(3) 온도단위(℃ ⇔ ℉) 변경방법

① Off 버튼을 누른 상태로 Auto 버튼을 3초 이상 누른다.

② 다른 단위로 변환방법은 동일하다.

③ DATC 모듈 또는 클러스터에서 온도단위 변경 시 두 모듈은 동기화되어 같은 단위를 표시한다.

(4) 결로방지 로직 설정 및 해제방법

① VENT모드 설정 후 A/C 버튼을 누른 상태에서 내·외기 버튼을 5회 이상 누른다.

② 기능 억제 시 내·외기 표시등이 0.5초 주기로 3회 점멸한다.

③ 기능복귀 시 내·외기 표시등이 0.25초 주기로 6회 점멸한다.

1.2. 세이프티 파워 윈도우

1.2.1. 세이프티 윈도우 초기화 방법

세이프티 윈도우는 초기화가 완료되면 배터리를 탈거하여도 초기화 내용이 사라지지 않는다. 만일 사용 중 시스템이 이상 동작을 하거나 윈도우 관련부품을 교체하였을 경우에는 반드시 초기화를 해제한 후 재 초기화를 해야 안전을 확보할 수 있다.

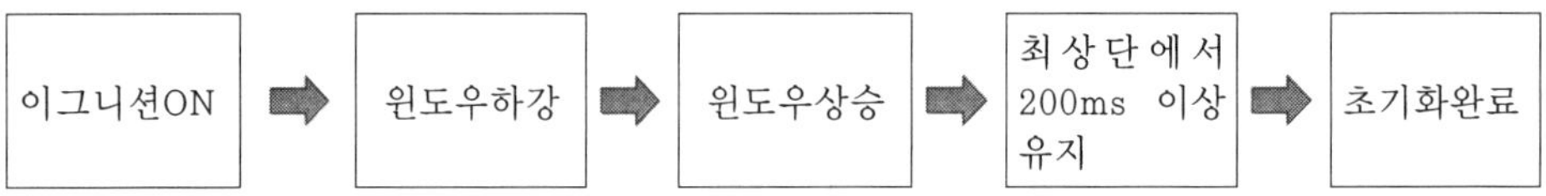

1.2.2. 세이프티 윈도우 초기화 해제방법

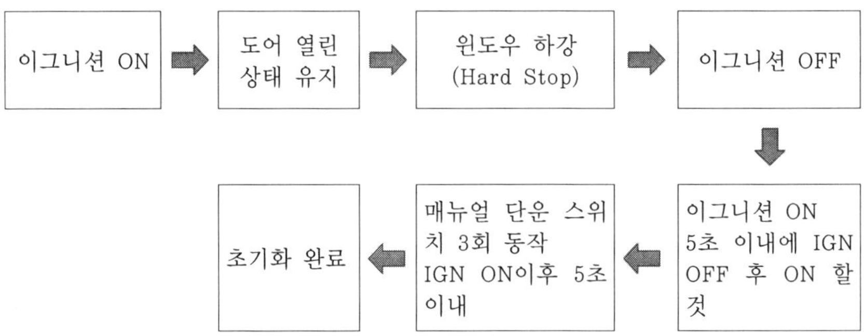

참고 Hard Stop

오토기능으로 윈도우를 하강시킨 후(Soft Stop) 매뉴얼 스위치를 다시 눌러 윈도우를 완전히 하강시킨 상태를 뜻한다.

① JF 이전 차량은 오토 업 작동 후 세이프티 작동을 15회 연속으로 시키면 초기화가 해제된다.

② JF 차량은 세이프티 작동을 연속으로 3회만 실시하면 세이프티 초기화가 해제된다.

③ 오토 업 작동 중 배터리 케이블 탈거나 세이프티 ECU 커넥터 탈거 시 초기화 해제된다.

1.3. 선루프 초기화 방법

선루프에는 오토기능이 적용되어 One Touch로 선루프의 열림과 닫힘을 제어할 수 있다. 또한 닫힘 시 선루프가 구속될 경우 반전 동작을 통해 안전을 확보한다. 주행 중 선루프를 닫게 되면 맞바람에 의해 선루프의 움직임이 제한되는데 이를 물체에 의한 구속으로 판단하여 반전 동작이 일어나는 것을 방지하기 위해 차속신호가 입력된다. 즉 주행 중 물체에 의한 구속판정은 차속에 대한 로직과 구속된 부하량의 합으로 결정된다. 선루프를 교환하거나 이상 동작을 할 경우 초기화를 통해 원활한 동작을 유도해야 한다.

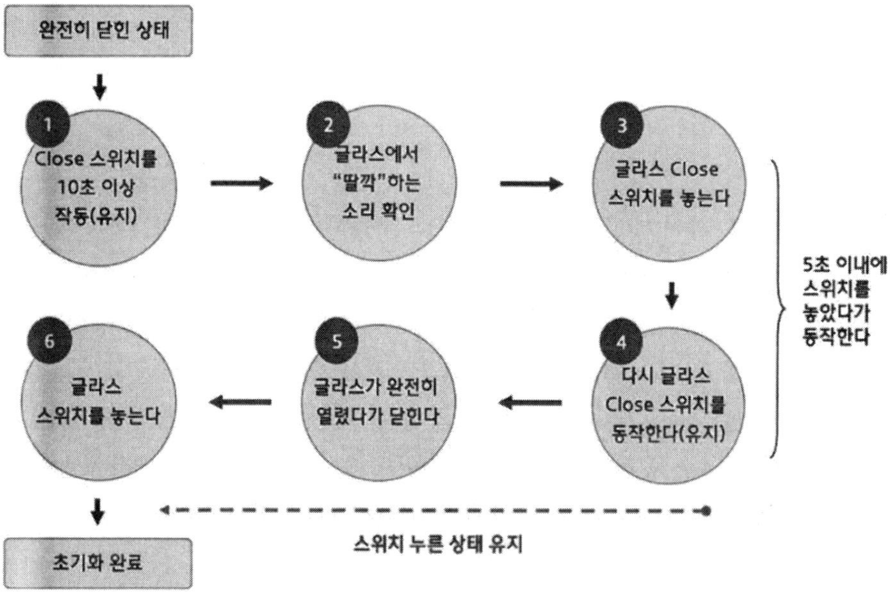

[그림 8-3]

1.4. 배터리 센서

1.4.1. 배터리 센서 학습

최근 차량용 AMS(Alternator Management System) 및 ISG(Idle Stop & Go)를 적용하여 차량상태에 따른 발전 전류제어 및 연비 향상과 배기가스 저감을 수행하고 있다.

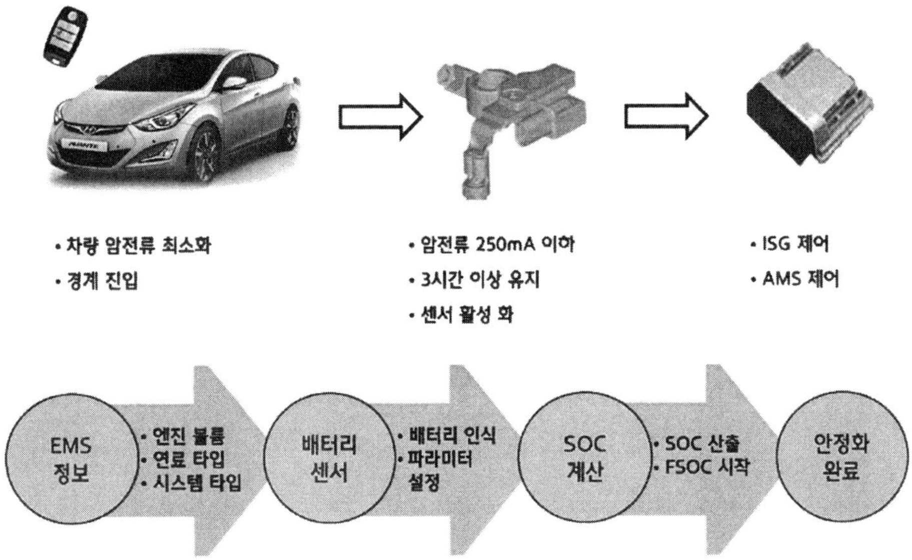

[그림 8-4]

두 시스템 모두 배터리의 상태를 파악해야 정확한 제어를 수행할 수 있는데, 이때 필요한 요소가 배터리 센서이다. 배터리 센서는 두 가지 타입이 적용되며, 스마트타입의 경우 반드시 센서 학습(안정화)를 수행해야 한다, 만일 센서 학습을 수행하지 않거나 암 전류가 높으면 두 시스템 모두 동작하지 않는다.

배터리 센서 학습(안정화)의 목적은 배터리 센서에서 측정된 배터리의 전압, 전류, 온도 정보를 활용하여 현재 배터리 충전량(SOC)을 산출하는 행위로, 만일 센서 학습을 수행하지 않거나 암 전류가 높으면 두 시스템 모두 동작하지 않는다.

1.4.2. 배터리 센서 타입별 특징

스마트타입 센서	아날로그타입 센서
- 2핀으로 구성되며 EMS와 LIN통신으로 정보 공유 - ISG 및 AMS제어 수행 - 센서 학습필요	- 4핀으로 구성되며 EMS와 전압으로 정보 공유 - AMS 제어 전용(ISG 제어 불가) - 센서 학습 불필요

[1] FSOC 제어 암 전류 상승시 활성화 상태로 유지시간

센서 학습 이후 차량의 암 전류값이 상승할 경우(250mA 이상) 즉시 비활성화 되지 않고 설정된 시간동안(4주) 활성화 상태로 유지 후 비활성화 상태로 전환된다. 만일 암 전류값이 학습조건에 만족되면 다시 활성화 상태를 유지한다.

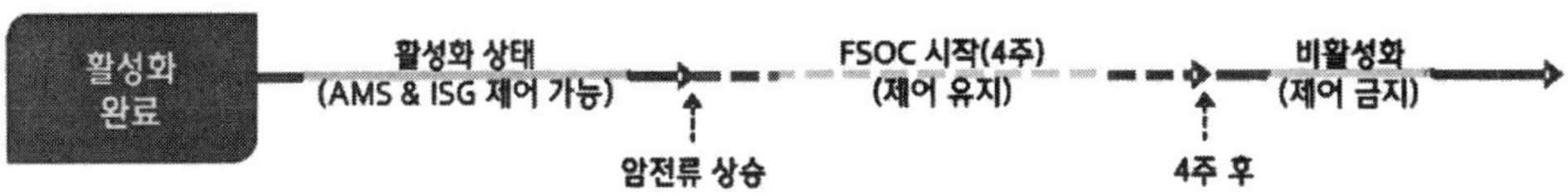

[그림 8-5]

1.4.3. 사용자 설정

[1] 진단 장비를 이용한 설정

[BCM 항목]

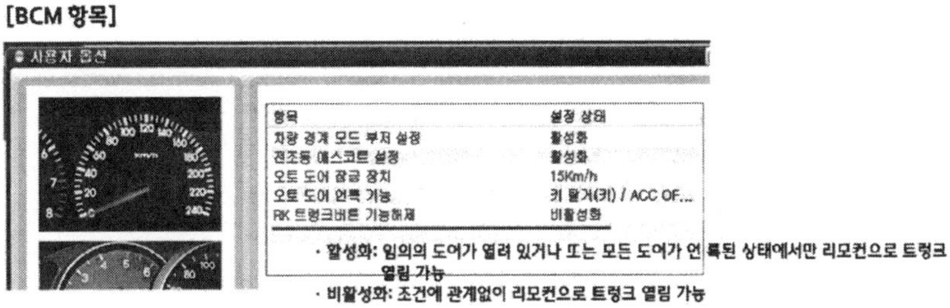

[그림 8-6]

[2] 클러스터를 이용한 설정

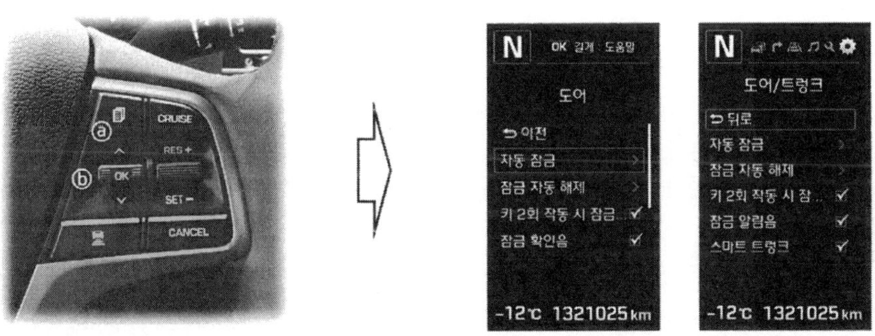

[그림 8-8]

① 조향핸들 우측의 ⓐ 버튼을 눌러 클러스터 LCD의 메뉴를 사용자 설정으로 변경한다.

② ⓑ의 스크롤을 돌려 원하는 항목으로 위치를 선택한다.

③ 스크롤을 누르면 해당 항목이 선택된다(OK).

참고자료

1. 현대자동차 AD 신차코스 기술교재『 기아자동차』

2. 현대자동차 HI 신차코스 기술교재『 기아자동차』

3. 기아자동차 QL신차코스 기술교재 정비지침서『기아자동차』

4. GM대우자동차 정비지침서『 대우자동차』

5. 자동차 주행안전장치 정비『한국산업인력공단』

6. 자동차 편의장치 정비『한국산업인력공단』

7. 승용 진단기술 프로그램『기아자동차』